FUZHUANG
PEISHI SHEJI

服装配饰设计

宣 臻 杨 囡 编著

西南大学出版社
国家一级出版社 全国百佳图书出版单位

服装设计·时尚前沿丛书

服装配饰设计
FUZHUANG
PEISHI SHEJI

目录

第一章 概述

导读：

服饰是人类特有的劳动成果，它既是物质文明的结晶，又具有精神文明的含义。人类社会经蒙昧、野蛮到文明时代，缓缓地行进了几十万年。我们的祖先在与猿猴相别以后，披着兽皮与树叶，在风雨中徘徊了难以计数的岁月，终于跨进了文明时代的门槛，懂得了遮身暖体。（图1）

图1

图 1-1

图 1-2

第一节　服装配饰的基本概念

　　"服装配饰"一词中,"服"表示衣服、穿着;"饰"表示修饰、饰品;"配饰"指的是搭配装扮的点缀品。"饰"的设计价值与工艺美学方面的收藏价值更胜一筹,是本书研究的重点。广义的服饰指包括服装在内的一切饰品,如珠宝、帽饰、眼镜、巾带、鞋袜、箱包、手套、扇子、假发,等等;狭义的服饰就是装饰配件,主要是鞋、包、帽、首饰四大家族。可以说,除主体服装(上衣、裤子、鞋子等)外,一切增强服装效果的饰品,都可以称为配饰。随着时尚观念的变迁,配饰已经成为穿搭之美不可或缺的一部分。

　　在现代,服装配饰综合了三个方面的概念。一是配饰,指具体的装饰物品,品类极其繁多。不同时期、地域、民族的配饰都有自己的历史。配饰与服装一起反映社会的变化和人们的内心世界。二是装饰工艺,不同的配饰在材料选择和制作工艺上各不相同。无论是纺织品的印染、刺绣、编织,皮革的鞣制、切割,还是金银的抛光等都是专门的学问。三是搭配装扮,服装配饰中的"配"有配合、装扮的含义。服装及其配饰自出现之始,就是构成人类外观风貌不可分割的两个部分,两者在漫长岁月的流行变迁中一起发展,构筑了服饰的时代美感。(图 1-1、图 1-2)

第二节　服装配饰的起源及文化内涵

(一)起源
　　沿着人类文明漫长的足迹追溯至

002

蛮荒时代,服装和配饰的起源最先像是涓涓细流,散布在旧石器时代各个文明发祥地的洞穴艺术和器物艺术中。人类学家推测:自地球上出现人类开始的300万年间,最初200余万年间人们过着裸态生活,大约在距今约40万~50万年间,人类开始穿着衣物,到了距今1万~5万年前,穿用衣物已经相当普遍。服饰的起源与下列因素息息相关。

(二)文化内涵

1. 政治与习俗

统治者为了维护政权,常常制定严格的服饰法令,有时甚至激起尖锐的社会矛盾。

2. 民族与宗教

每个民族都有自己的传统,在古代,勇猛的战士总是用当地的动物作为盾牌装饰,如欧洲的战士用老鹰或熊,澳洲人把袋鼠和蛇放在盾牌上,在我国贵州,苗族人会在节日戴上银鸟冠。宗教对服饰的影响很大。

3. 经济与科技

经济与科技深深影响着服饰的繁荣。

4. 文化与思潮

文化决定了人们的价值观,价值观导向人们定义的所谓重要的东西,形成偏好与选择,也提供了人们穿衣打扮的原则。

5. 战乱与和平

如第一次世界大战和第二次世界大战促使西方的服饰向着功能性和现代服饰的方向发展。

此外,服饰还有标志与象征的作用,如柔道学习者用腰带的颜色区别级别,中世纪的女性将手帕或手套送给中意的骑士。服装配饰作为礼仪的一部分,发挥了重要作用。

第三节 服装配饰的分类

(一)首饰类

首饰是我们最常见的配饰,包括项链、耳环、戒指、镯子(手链)等。一件精美的首饰应该是每个女人的心头肉。它无须多昂贵,它的出彩在于恰到好处地画龙点睛,让你的服装散发光芒。但首饰最忌"全员出动",一到两件足矣。

(二)穿戴类

这里特指鞋、帽子、围巾、披肩、腰带、手套等,应善用它们来增加服装整体的高级感和层次感。

(三)头饰类

随着时代的发展,头饰不再局限于发夹、发簪,还有简约时尚的包头巾、充满异域风情的发带,以及各种可爱的发箍。

(四)包表类

看一个女人的品位,首先可看她的包。黑包高贵、优雅,白包高洁、清爽……挑一个包和挑一双鞋一样,值得我们下功夫。

最后要提的是手表。手表早已成为时尚的一部分,而且具有一般首饰无法替代的独特气质,能够很好地彰显女性的知性美。(图1-3、图1-4)

图 1-3

005

图 1-4

第四节　服装配饰的设计意义

　　设计不但成就了历史文化遗产，更缔造了当代社会文明，是精神文明和物质文明之间的一座桥梁，推动着当代社会的进步与发展。广义的"设计"，实质上已是整个社会文化的创造问题：一方面，一个时代的政治面貌、经济实力、工业化程度、历史文化传统和人们的审美修养直接造就了一个时代的设计文化；另一方面，一个国家的设计文化也直接反映了该国的政治面貌、经济实力和历史文化传统等。正因为设计有如此巨大的创造力和推动力，所以它日益成为现代社会生活不可缺少的部分，扮演着越来越重要的角色，推动一个国家的经济文化发展起到了良好的促进作用。

　　设计是一门"创造人造物的学问"，是一种物质生产活动，也是一种推动社会进步与发展的生产力。设计的价值体现在其创造的经济价值、审美价值和信誉价值等方面，满足了人们在物质和精神两个层面上的需要。人们在物质需要得到一定满足之后，其精神的、审美的需要就会逐步上升，尤其在物质文明高度发达的现代社会，人们精神方面的需求变得越来越不可少。当人们在购买皮包、皮鞋时，除了关注其皮革质量外，会更关心其款式，即穿上脚后给自己增添的"品位"如何，是否能"脚上生辉"。其实，他们只是买一种"设计品位"，一种设计价值。正是这种隐形的生产力，为那些享誉世界的顶级名牌提高了身价，聚积了无穷无尽的财富，致使世界顶级名牌已成为一种巨大的资产。

　　当然，本书属于服装设计模块的教材，包括服装配饰文化知识、服装配饰美的一些基本原则和服装配饰设计的表现手法。希望通过书中对文化欣赏和服装配饰设计的讲解，读者能开阔眼界、增长知识、陶冶情操，培养对服装配饰艺术的欣赏能力，提高艺术欣赏水平，树立正确的审美观。

第二章 服装配饰的材质知识

导读：

对于一件设计作品而言，正确选择材质常常是成功设计的必要条件，同时，它还包含了设计的视觉和感官的双重审美要素。材质的选择也事关设计的功能和外观特性，是达到设计目的的重要手段。（图2）

第一节 皮革材质篇

（一）皮革的概念

在人类的生活中，皮革被广泛用于制作皮包、皮带、皮鞋等，是非常有用的生活必需品。物毛皮柔软、坚韧、生动、光泽的特性是其它材质无法比拟的，即使在成品中依然能看出动物的生前状态，如皱纹的多少、皮质的细腻程度，等等。

图2

天然的毛皮，是在自然环境下成长的动物之外层皮质，通常用来抵抗自然界的恶劣环境，如气候、温度的差异及天灾等。通常皮质的构造，最外面的一层是表皮层，表皮层下是制作皮革最重要的胶原层，皮质的魅力就是由此层散发出来。"皮"和"革"是不同的概念：没有经过鞣皮处理的称作"皮"；经过鞣皮加工的称作"革"。（图 2-1、图 2-2）

（二）皮革的种类

皮革的种类大概可分为以下几种。

1. 牛皮

（1）小牛皮：成长到六个月的小牛的皮制成的皮革，是牛皮中品级最好的皮革，皮纹细腻、轻薄、柔软，少瑕疵。常被用于高档手提包、鞋、皮衣的设计。

（2）母牛皮：成长到两年左右的母牛的皮制成的皮革。皮质比小牛皮厚，韧度更强。多被用于传统马车与汽车的内饰设计。

（3）阉牛皮：成长到三至六个月间被阉割，再长到两年左右的牛的皮制成的皮革。皮质厚、强度高，市面上普遍使用此种皮材。常被用于大众鞋、包的设计。

图 2-1

图 2-2

（4）公牛皮：成长到三年以上的公牛的皮制成的皮革。组织纹较大，皮质较厚，耐用，也多被用于传统马车、汽车及防护装的配饰设计。

2. 马皮

皮片大且柔软，纤维组织细密，制成成品后光泽度较好。由于材质特殊的美感，常被用于高档手提包、鞋、皮衣的设计。

3. 猪皮

猪皮使用率较高，耐磨耐刮。皮革表面有三个洞并排，是其主要的特征。欧洲及中东地区的服装配饰的设计中一般不用此皮。

4. 山羊皮

皮质薄、柔软，毛孔细腻，耐用，不容易变形。小山羊皮与小牛皮都是皮革中的高级品，属于高档手提包、鞋、皮衣的设计材质。（图 2-3）

图 2-3

5. 羊皮

羊皮韧度比山羊皮差,皮质轻薄柔软,常被用作防寒材料。小羊皮又称羔羊皮。(图2-4)

6. 稀有皮

(1)袋鼠皮:产地多在澳大利亚,皮质韧度强、轻薄柔软,是高级皮质材料。由于材质特殊的美感,常被用于高档鞋、包的设计。

(2)鸵鸟皮:鸵鸟皮的特征是在拔毛后会留下突起圆点,属高级皮质材料。(图2-5)

(3)鳄鱼皮:种类繁多,其特点是拥有独特美丽的鳞片状皮质。皮革耐用。常见于高档皮件的设计中。(图2-6)

(4)蜥蜴皮:皮质独特,仅次于鳄鱼皮,也属于珍贵皮质一类。

(5)蛇皮:主要特征就是有图案状的斑纹与鳞片,如美丽的锦蛇皮(图2-7)、水蛇皮等,皮质耐用。

(6)龟皮:主要产地在南美洲的墨西哥,其优质的皮是在四肢部位。常被用于皮具的设计。

还有鲨鱼皮与野猪皮,等等。

各类皮质的原皮种类及特征,依动物的成长阶段不同而改变,也因生长环境及不同部位而有所不同。例如:貂和狐狸等生长在寒带地区的动物,由于毛密且多,其皮质纤维较粗,不被视为上好皮质。相反的,温暖地区的动物,皮质多为上好皮质。而同一种动物,因季节变化皮质也会有所不同。因此,依不同用途选择不同部位、不同季节的动物皮,是非常重要的。在皮革中,出生两三年的成牛的皮质,都较厚且韧度较高、较耐用。出生六个月到两年的牛的皮质,较易受刮伤,特别是小牛皮,由于较薄且皮纹细腻,是最高级的皮质。

头层牛皮是牛身上第一层牛皮,就如同我们的皮肤一样,它没有固定的厚度,是根据牛的品种及所需要的厚度而定的。二层皮就是指去掉表皮后的下面一部分皮,通常国内做鞋的有反毛皮,有人叫它为二层磨砂,不懂的人或别有用心

图2-4

图2-5

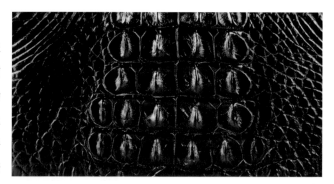

图2-6

图2-7

的人说它是磨砂皮，专用来骗不了解皮料的顾客，其实这两者之间的价格差很远。头层牛皮我们用英文叫它"NUBUCK"，也叫牛巴戈，它的绒比较细、很浅，属高档皮之列，约每 0.09 m²（两个巴掌大小）都要 22~25元。二层牛皮通常毛绒长，较粗，有像肉皮一样的纤维，较贵的二层牛皮约每 0.09m² 10~12 元，通常都是 8~9元或是 6~8 元。有一类二层牛皮可以与头层牛皮一样做涂料，不是十分专业的人是看不出是二层的，价位也比较低。另外，还有一些二层覆膜皮，这类皮料毒性相对较大，最多是用于制作皮带或皮包系带。此外，如果一双鞋使用二层牛皮做面料，内里、鞋底、鞋垫等都会用差一点的材料，所以二层皮鞋在市面上好的卖 100多元，差的几十元，而头层皮鞋好的 600 元以上，差的也要 100 多元。(图 2-8)

（三）皮革的加工方法

原生皮如不处理就会变硬腐烂，为了防止腐烂可用鞣皮的处理方式。鞣皮就是一种用药品防止皮质变硬或是预防腐烂的方法。较具代表性的鞣皮方式有丹宁鞣皮、铬鞣皮、混合鞣皮。

1. 丹宁鞣皮

就是采用植物内含有的丹宁酸与胶原结合的鞣皮处理方式，是古埃及采用的最早的鞣皮方法，其特点是不易变形与收缩。

2. 铬鞣皮

主要是指用铬化合物与酸根结合的鞣皮方法，其柔软性与耐热性有显著提升。

3. 混合鞣皮

融合丹宁鞣皮与铬鞣皮的处理方式，具有适当的柔软性，不易伸缩，是适用于运动用品及皮革手工艺品的加工方式。

（四）皮革的处理方法

1. 上银皮革

皮革的表面称"银"，上银皮革是将皮革的银片光泽充分表现出来，表面细致且有着自然纯朴的风格，此处理方式适合有微小暇疵的上等原皮，是皮革处理中的常见方法。

011

图 2-8

2. 玻璃面皮革

鞣皮后,在皮质表面涂上一种化学物质,将其平稳、结实地贴在玻璃或平板上,直至干燥。再打磨银面,使用涂料及合成树脂形成表皮膜,如此处理完成后,就得到坚固结实的皮革。

3. 缩水皮革

在鞣制过程中,使用化学制剂将其表面收缩,使皮革表面出现细致的皱纹效果。

4. 压花皮革

在皮革表面用压模工具压印出花纹,也可以由里向外压印出花纹。

5. 仿麂皮(绒面皮革)

在小牛皮、小羔羊皮、猪皮等皮的内里,用细砂纸轻磨起毛的皮革,产生触感如丝绒般柔软的效果。

6. 细磨面皮

在皮革表面进行刷毛加工处理,可产生毛较短、柔顺、润滑的效果。

7. 软皮

打磨银面后,采用油鞣皮的处理方法。其优点为柔软、耐久性好、易洗涤。特别适用于手套皮具的加工处理。

8. 网眼织皮革

就是将细长的皮革绳编织成网状。

9. 半苯染皮革

结合上银皮革及玻璃面皮革的处理,加上染料所形成的效果。淑女皮鞋多采用此种皮革。

10. 漆皮

在铬鞣皮的表面处理后,再涂上多层氨基甲酸乙脂,形成漆面效果。

(五)皮革的染色方法

处理皮革前,需染上基本颜色。染色方法大致可分为染料染色和涂料染色两种。染料染色:在染缸中,放入鞣皮后的皮革和溶解的染料,以旋转翻搅染缸的方式,将皮革内外深处染匀,又称"全染",其最大特点是色泽自然、均匀。涂料染色:用喷雾或刷子蘸颜料涂色,一层层地将皮革涂成想要的颜色,又称"半染",这种染色方式可遮掩皮革表面的瑕疵,有不易褪色的优点。

(六)皮革的保养方式

一般常见的皮革(真皮),依加工手法可分为五大类,分别是全染皮、半染皮、本染皮、反毛皮、漆皮。它们各有不同的特性和保养需求,旧时一罐鞋油刷遍天下的蛮干方式是行不通的,甚至还会损坏皮革。基本上,鞋面的皮革保养方式不脱三大原则:去污、上色、亮光。只要把握这三个原则,就可以着手皮革的基础保养了。

1. 全染皮

是经过染色与定色处理的皮质,不易掉色或变色。所以在做保养的时候,只要购买全染皮专用的保养品即可。

2. 半染皮

是经染色但未定色处理的皮质,坚牢度差,遇水或油还会变色并留下污痕,在保养上与全染皮相同。

3. 本染皮

原皮的本来面目,既未上色当然也就不需定色。采用和半染皮一样的护理方式。

4. 反毛皮

经过绒面处理,皮面绒毛柔软,但也容易藏污纳垢。保养时应以预防为主,即在穿之前要喷上专用防水防污剂,去污时要立刻以毛刷刷去灰尘脏污。在上色时要用毛皮专用的保养品,无须上光亮剂。

5. 漆皮

又称镜面皮。这种皮不可以用刷子刷。在去污时,使用不掉毛屑的布擦拭,不要沾水。最后打上光亮剂即可。

皮革区分是皮具护理行业及消费者需要掌握的基本知识。现代皮革加工技术越来越先进,皮革品种也越来越多,单从皮革表面的毛孔粗细、疏密程度来鉴别真伪和种类已远远不够。掌握皮革区分知识,了解皮革的性能特征和扩张强度,对于皮具的设计和制作、皮革护理行业的翻新保洁和损伤修复、消费者选购和使用皮具等都有很大的帮助。(图 2-9)

013

图 2-9

第二节　纤维材质篇

（一）纤维材质的概念

制作配饰，除了天然皮革外，还可以使用其他材质，如合成皮革、人工皮革、布质、珠光金属珠子等。其他还有适合夏季的材质，比如巴拿马草、藤、麦管、柳条、竹、树叶等外表看起来很凉爽的材料。

植物纤维材质是一种以植物纤维（丝、毛、棉、麻）或人工合成纤维为材料，用编织、缠绕、缝缀等多种制作手段，创造平面、立体形象的艺术设计。如今，纤维技术的内涵和外延都在不断地变化发展。许多设计师在继承与突破前人传统的过程中，以超越材料的固有范围与构成方式为突破点，不断丰富、发展纤维设计。（图 2-10）

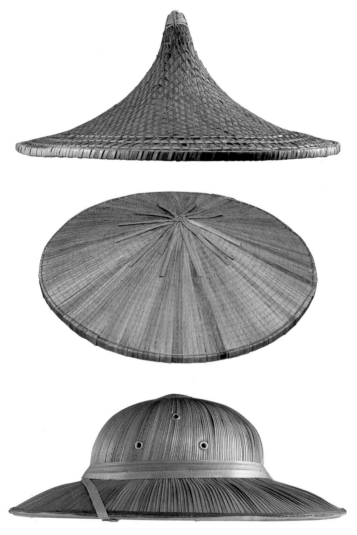

图 2-10

(二)植物纤维材质的种类

1. 草

草编是以各种柔韧草本植物为原料加工编制的手工艺品。其原料生长地域广泛，而且易得易做，深受各地人们的喜爱。草编是中国传统手工艺品之一，在国内外有很高的声誉。山东草帽与浙江草帽是中国草帽的两大代表。

适合草编的草料都必须草茎光滑、节少、质细而柔韧、有较强的拉力和耐折性。采割来的草料先要挑选，而后梳理整齐，进行粗加工后方可使用。（图2-11）

图 2-11

长江流域地区的草编原料多用野生的苏草、金丝草、麦草、黄草、席草、蒲草、马兰草、荩草、稻草、蒯草、龙须草等。其中，马兰草在美国被誉为"草编明星"。黄河流域的草编原料多为麦草和黄草。黄草，也是一种使用较为广泛的植物纤维材质，它属单子叶植物纲莎草科，原生于嘉定东澄桥镇一带的滩头河边，茎秆光滑柔韧，有"名城宝产数黄草"之说，可用它编织帽、包袋、毯等，花色朴素美观。长江流域的草编多以草席、草鞋和其他日用品类最具特色，分布于四川、湖北、湖南、江苏等地。（图2-12）

2. 棕

棕编是以棕丝为原料的编织方式的总称，特点是其产品比草编结实耐磨，产地主要在四川新繁、湖南长沙和陕西汉中等地区。它采用棕树嫩叶破成细丝，经硫黄熏蒸、浸泡、染色后方可使用。棕编细致精巧、朴实大方、色彩明快，具有浓郁的民间特色。（图2-13）

棕编的选材较精，生产季节性较强，以棕丝白嫩柔软、能负重、不吸潮为上品。人们多在春秋季生产提包等，夏季生产鞋、帽。通常人们在四月初开始采集嫩棕叶，用排针将棕叶割成细棕丝，搓成棕绳，经硫黄熏蒸、晾晒、浸泡等工序，制成洁白柔软的材料备用。（图2-14）

图 2-12

图 2-13

图 2-14

3. 木

高档的木质材料往往多被制作成手链、项链和行李箱，有些具有香味儿的木材不仅实用而且能颐养身心。(图 2-15)

松木：木质粗糙，纹理直行，有松香气味，但收缩性强，易变形。

樟木：有浓厚的樟脑香气，不怕虫蛀；山形木纹明显、美观，易加工。

柏木：木质细密坚韧，不易开裂，心材耐腐蚀性强。

楠木：材色黄褐略带浅绿，有光泽。木纹斜行，木质稠密，易加工，能耐久，具香气。

图 2-15

(三) 纤维材质的保养方式

草编制品在使用时，脏了可用湿毛巾擦拭，然后放在通风阴凉处晾干，不要浸水、曝晒或烘烤。收藏时，用温水加少量碱或肥皂擦拭两面，再用清水擦干，晾干后撒些樟脑粉 (加少量痱子粉)，用纸包好 (不能折压)，放在阴凉处，不使之受潮或受热。(图 2-16)

棕制品在收藏时，可浸在开水中一段时间，水中加 2% 或 3% 的盐，可使其使用寿命延长。木制品收藏时，不宜放在过分潮湿或日光直射和过分干燥处，更不能靠近火炉，以免受潮和干裂。有了裂缝，用油灰与颜料拌匀，嵌入裂缝，可多年不坏。

图 2-16

第三节　金属宝石材质篇

(一) 贵金属材质

1. 黄金

在世界各地，从古至今黄金都被作为主要的货币之一，可见人们对黄金的重视与喜爱的程度有多深。当然，与它相关的故事也有许多。在中国历史上的炼金术中经常将黄金当成是长生不死药的必要成分；古埃及人则相信法老死后肉体必然不朽，将会变成黄金；而佛教圣僧也期望能修炼成"金身"。黄金非常柔软，有良好的延展性，是制作首饰的常用材质。一克黄金可以拉成长两公里的细丝或十万分之一毫米厚的金箔。正由于黄金的这种特性，人们为了使首饰的造型不易改变，常在加工首饰时加入别的金属制成合金。黄金的纯度越高重量也越重，因此，黄金是以纯度 K 为单位计量的。市面上有 24K 金、18K 金、14K 金等。18K 金，是由 75%的黄金加上 25%的其他金属熔炼而成。(图 2-17)

2. 银

银不同于黄金的雍容华贵，看上去更有一种清纯的少女气息。银是象征纯洁的金属，在欧洲常常被用来制作教会的烛台、圣杯等。银不是自然元素矿物，而是存在于辉银矿中，所以其提炼过程比黄金稍难点。在古代，银曾一度比黄金还稀有、昂贵。纯银非常柔软，硬度低，容易被划伤或氧化。为了提高其硬度以获得最佳的成型效果，在制作的过程中加入 7.5%的铜，可让银的光泽、亮度和硬度都有所改善。这种含银 92.5%、含铜 7.5%的合金自问世以来，就被国际认定为标准银。(图 2-18)

图 2-17

图 2-18

018

3. 铂

"铂"的化学元素符号为 Pt,因为本色呈银白色,故又名"白金",虽然中国古籍中很早以前便有"白金"一词,不过实际上是指银而非铂。铂这个名字来自西班牙文 Platina,其实也是银的意思。1741 年,铂进入欧洲。虽然早在古埃及时就出现了用白金装饰的小化妆箱,但当时的人们以为那是银,而 18 世纪的人也不认识铂,铂多半在镀金后,被做成假金币流传于市面上。由于铂的熔点约高达 1 769 摄氏度,直到德国学者研究出可以用砷降低其熔点,铂的加工工艺才得以进一步发展。铂的颜色银亮,不容易失去光泽,所以是镶嵌无色宝石的最佳选择,再加上它的强度和韧性比其他贵金属高,即使加工再精细入微依旧坚韧可靠,非常适合用来镶嵌宝石。20 世纪伊始,珠宝饰品中的名家卡地亚便大量采用铂制作饰品,因为它是一种全新的材质,稳定性和延展性比金银更好,再加上不受传统心理的阻碍,设计上更能挥洒自如,因而深受欢迎。由于其开采量只有黄金的 5%,它的稀有使人们趋之若鹜。如果用 75% 的黄金加上 20% 的铂和 5% 的银,便可以制成 18K 铂金,标示 18KPt,但是在市面上极其罕见。铂的纯度用 Pt 表示,如 Pt990 即表示铂的含量为 99%,还有 Pt950、Pt850 标示的铂制品。(图 2-19)

图 2-19

019

(二)珠宝类材质

1. 钻石

钻石永恒持久,不论潮流如何变换,其恒久的光泽、闪烁的光芒永不暗淡。"钻石"这个词是从希腊语派生而来的,意思是"不可战胜"。大约 2 500 年前,人们在印度的河流中首先发现了钻石。古人认为钻石非常特别,他们坚信钻石蕴藏着超自然的力量,能够给人带来好运,同时驱除邪恶。武士佩带钻石,因为他们相信钻石的坚硬能够让自己战无不胜。起初,印度人发现只有用钻石才能切割钻石本身。14 世纪,他们使用钻石粉末加工、打磨钻石,从而使钻石更加漂亮。至近代,已发展出六十面形的明亮式切割方式。但是,在打磨的过程中,切忌过度,否则,钻石就可能失去神奇的力量。钻石是宝石之王,有许多特殊的性质。它是由单纯的碳元素组成的特殊晶体,多为八面体、菱形十二面体或立方体,内部是等轴晶系,这也形成了钻石的特异性质。其摩氏硬度为 10,这使它成为世界上最硬的物质,理所当然被人们理解成为"永恒、坚强、坚贞"的代名词。

衡量钻石的品质通常用 4C 标准。所谓 4C 就是克拉(Carat)、切割(Cut)、色泽(Colour)、纯净度(Clarity)。

克拉：早在希腊时代开始以此作为宝石的重量单位，1 克拉等于 0.2 克，由于钻石较其他宝石更为稀有、珍贵，所以随着克拉数越重，价格便以平方倍以上增加，也就是说同等级之 2 克拉钻石的价格是 1 克拉钻石的价格乘以 2 还要多出许多。

切割：为了有效利用屈折率使钻石的光泽完全释放。切割是一门大学问，明亮式切割法便是能将钻石光泽发挥至极限的切割方式。

色泽：无色的钻石等级最高。钻石若呈现浑浊的黄色，将会妨碍其本身的冷冽光泽。目前钻石分色以 D 至 Z 的英文字母排列顺序区分等级，D 级是无色的高级钻石。

纯净度：纯净度的判定是由钻石表面是否有瑕疵点来看，是否有杂质、瑕疵点大小、性质、数量和其位于钻石何处部位等，都决定了钻石的品质优劣。如："FL"

图 2-20

表示没有任何疵点杂质，"IF"则表示表面略有细微的疵点。(图 2-20)

2. 红宝石

"红宝石"一词来自中世纪的拉丁文 Rubinus，它指的是色泽呈鲜红色的刚玉，被认为是上帝造物以来最珍贵的宝石。印度人相信，红宝石是经过浴火淬炼而成，亘古不灭。

红宝石的色泽取决于岩石中铬原子的含量，只有在地壳最深处才找到少量铬氧化物，这也是红宝石弥足珍贵的原因。铬和铁的含量决定红宝石各种不同的色泽，"鸽血"红身价最高。红宝石中通常具有内含物，且以多种形态呈现，完全不会削减红宝石的价值，事实上，这些所谓天然的"瑕疵"反而给予每颗宝石独特的性质，保证了红宝石的真实性。

红宝石多以枕形切磨，椭圆形的刻面能确保红宝石最多的光线从正面反射出来。凸状不刻面宝石(原石分为半弧形，未经刻面但已抛光)通常用于透光度不高的红宝石。红宝石开采自溪流冲积而成的山坡地，品质优异的红宝石主要产于亚洲，非洲也有，邻近缅甸莫哥地区北方的产区，蕴藏世界上最美的"鸽血"红；泰国与柬埔寨边界的红宝石色泽通常比较深，有时甚至折射出近乎黑色的光泽，这种现象称为"熄灭"；斯里兰卡东南部出产大量的红宝石，主要集中在拉特纳普拉(素有"宝石城"之称)一带山区，这里的红宝石具有桃红色色泽，略带淡紫色；坦桑尼亚红宝石的质量、色泽数一数二，却是不透光的。(图 2-21)

3. 蓝宝石

蓝宝石，蓝色形式的刚玉，英文名字源于希伯来文 Sappir，意为"臻于完美之物"。波斯人相信，世界立足于一颗巨大的蓝宝石上，天空正是蓝宝石的倒影。镶嵌于英皇皇冠的爱德华蓝宝石，背后有一段精彩的故事。盎格鲁-撒克逊王爱德华某一天遇到一名乞丐，身上找不出东西给他，只好将手中的蓝宝石戒指给他。这名乞丐不是别人，正是上帝的使者，爱德华前往巴勒斯坦朝圣时，天使才将戒指还给他。

图 2-21

蓝宝石的色泽是由少部分的氧化铁含量所造成的，蓝色的深浅程度则取决于颜色的饱和度，钛杂质影响颜色的细微差异（皇家蓝、深蓝、淡蓝等）。这些色泽决定蓝宝石的价值，以清澄明亮、色泽瑰丽罕见的蓝色调最受青睐。蓝宝石通常以枕垫形切磨（卵形刻面）打造。宝石较小时，其他切磨方式亦可，如卵形、梨形、心形、凸面形以及明亮式。凸面形切磨让光线从各个角度穿透，强调蓝宝石的色泽与光学效果。1881 年，人们于克什米尔矿场首度发现世界上最好的蓝宝石。克什米尔蓝宝石通常较大且蓝得明亮透彻，售价也缔造了空前的记录。1997 年，一枚 21.75 克拉的克什米尔蓝宝石于日内瓦出售，售价为 1 048.5 万瑞士法郎；1998 年，另一枚 15.78 克拉的蓝宝石于巴黎出售，价格为 215 万法郎。缅甸的莫哥地区也蕴藏质地优美的蓝宝石。公元前 334 年前，一名克里特岛的航海家追随亚历山大大帝远征，他的记录里就描述了斯里兰卡有丰沛的蓝宝石资源，后来马可·波罗也同样提到了这一点。泰国和柬埔寨边界，还有越南、中国、美国，以及澳洲、非洲亦有蓝宝石产出。（图 2-22）

图 2-22

4. 祖母绿

祖母绿又称绿宝石。自古以来,绿宝石温润的色泽代表春天、生命之源泉以及未来的希望,当然还有爱情。人们相信绿宝石能遏止风暴,帮助奴隶重获自由,甚至能让人婚姻幸福美满。教皇庇护七世为拿破仑一世加冕时,他倾身吻向国王的绿宝石图章戒指,为皇帝与天主教廷建立起联系。祖母绿通常是岩浆涌入地表由熔融岩凝固而成,还有某些变质岩也是。祖母绿绚丽的绿,取决于铬的含量,而其他元素(铁、碱等)则造就了它深浅不一的绿色色泽。通常有内含物的祖母绿被称作 "花园宝石",这些内含物非但不会降低祖母绿的价值,反倒比浅色的无瑕宝石更受青睐。(图 2-23)

相对而言,祖母绿质地易碎,再加之内含物的性质,切磨祖母绿是一大挑战。祖母绿通常以阶段式切割,亦称典型的"祖母绿切磨法",顶面为矩形,斜角刻面(八边形)能凸显祖母绿的光泽,也使宝石更坚固。然而,祖母绿亦可切磨成所有经典的形式,但是如果内含物呈纤维状,则会被切磨为凸面形或水滴形。早在公元前 1 世纪的埃及艳后传说中的矿场就已经出产祖母绿。而随着新大陆的发现,欧洲人找到了上等的哥伦比亚祖母绿。论等级,哥伦比亚出产的祖母绿堪称世界之最;论产量,巴西目前位居全世界之冠。新伊拉矿场出产的颜色鲜艳的祖母绿,足以媲美哥伦比亚祖母绿。赞比亚也是全世界几个重要的祖母绿产区之一。

图 2-23

5. 碧玺

碧玺颜色多达 50 种,其中绿色和蓝色是最珍贵的碧玺色彩。虽然碧玺矿产在全世界蕴藏丰富,但品质优秀的碧玺却相当少。近年来,顶级碧玺的价格节节飙升,升值潜力甚至高过钻石,碧玺在国际市场的价值翻升了 8 倍。由于碧玺是一种天然的结晶体,其生成过程受各种因素的影响,如内部的多种微量元素使它色彩多变。多数上品碧玺为光泽通透的蔚蓝色、鲜玫瑰红色以及粉红色、绿色。市面上的顶级碧玺多来自巴西优质矿,还有的来自非洲国家及中国新疆与云南等地。(图 2-24)

图 2-24

022

图 2-25

6. 翡翠

英文名称 Jadeite，源于西班牙语 Plcdodejade，意为佩戴在腰部的宝石，也称硬玉、缅甸玉，是玉的一种。达到宝石级的翡翠单从组分上讲，非常接近硬玉理论值，被称为"玉石之冠"。老坑种及冰种翡翠通常具玻璃光泽，质地细腻、纯净、无瑕疵，颜色为纯正、明亮、浓郁、均匀的翠绿色，在光的照射下呈半透明状，是翡翠中的上品或极品。优质翡翠大多来自缅甸，均具有颇高的商业价值，珠宝设计师会根据原石的天然形态来设计翡翠作品，并邀请雕刻资历超过二十年的宝石雕刻大师进行精工雕琢。由于每一件设计作品均为孤品，使得每一件产品都是独一无二的艺术品。（图 2-25）

7. 黑玉

黑玉的名字最早起源于希腊词语 gagùtes，是一个小亚细亚古城的名字，也就是今天的土耳其。它早在史前时期就已被提取出来，在罗马人到来之前就在英格兰当地被人们认知。普林尼将其描述为一种拥有无数美德的神奇物质，几个世纪以来，这种玉石都被作为护身符使用。黑玉是一种色泽明亮的黑色或黑褐色宝石，重量轻，具有蜡质光泽。它产生于有机物，是由多种蔬菜产物经过几百万年的盐水浸泡，最终在热量和压力的作用下经过挤压和化石化形成的多种类褐煤化石。（图 2-26）

8. 海蓝宝石

海蓝宝石具有澄清的净度，名称来自拉丁文 AquaMarina，意为"海之水"。传说中，海蓝宝石是女海妖塞壬

023

图 2-26

图 2-27

图 2-28

图 2-29

的宝藏之一,一直是水手与航海者的护身符,凡是佩戴海蓝宝石的人都会受到庇佑,婚姻幸福美满。海蓝宝石主要贮存于伟晶岩矿床的糖粒状钠长石化伟晶岩中。常见的晶体形态为六方柱,其次为六方双锥。从天蓝到宝蓝色,海蓝宝石的色泽难以琢磨,颜色主要取决于铁含量,通常完全没有杂质与任何内含物。(图 2-27)

9. 月光石

月光石的英文名字为 Moonstone,罗马人认为它暗示 3 月雨后初晴的朦胧月色。几个世纪以来,人们相信它能唤醒心上人温柔的热情,并给予人们力量憧憬未来。常见的月光石有白色和蓝色两种:白月光石通常为白色,杂质较少;蓝月光石为蓝灰色,杂质相对较多,反射蓝色光芒,有月光效应和猫眼效应。月光石还有另一个种类——橙月光石,极其罕见。(图 2-28)

10. 珍珠

相对于各种无机矿物宝石,珍珠属于有机珍宝。它是贝类的一部分,由海洋或湖泊慢慢养育而成,每一颗珍珠都蕴含着独特的外表与特性。高雅的光泽和奇妙的色泽与形状,取决于它们在哪一种珍珠贝中孕育而成。每颗珍珠的出身,不单依照某珍珠贝贝壳的色素而定,也需要配合珍珠贝生长的环境,如天气、水温等因素。

养殖珍珠:采集自日本近海生长的阿古屋贝母,其魅力来自于微妙的桃红色彩及光泽。颜色有粉红色系、银白色系、奶油色系等。按珍珠贝的体积而定,大部分的珍珠直径为 5~7 毫米,直径 8 毫米以上的珍珠相当稀有贵重。(图 2-29)

白/金蝶养殖珍珠：在众多珍珠类中，白/金蝶养殖珍珠又被称为"南洋珍珠"，属于大颗类珍珠，它们的直径大都超过10毫米，普遍来自澳洲和印尼的养殖区。造型除了一般的圆形外，还有水滴形。（图2-30）

图2-30

黑蝶养殖珍珠：这些珍珠普遍孕育于琉球水域和大溪地水域，从柔淡的银灰色到纯黑，有多种颜色。所谓的"孔雀绿色"珍珠，是指其独有的色泽与光泽，其在基本的黑色中泛出绿色调子。它们以珍贵稀有且独特神秘的亮泽倾倒众生。（图2-31）

图2-31

淡水珍珠：大多产自中国的湖泊及河川养殖的三角蚌，形状多样，如米粒状、手杖状、椭圆状等。(图2-32)

一般来讲，鉴定珍珠的价值主要从大小、色泽、形状、是否有擦伤及珠层厚度和珠串排列状况来看，越大越圆的珍珠价格越贵。珍珠的搭配性强，中国传统的凤冠上就往往饰以珍珠。珍珠温婉的特性，让它成为各国皇室婚礼的必备品。珍珠之所以名贵，除了它的美丽之外，更因为其疗效。中医把珍珠粉视为一味中药，将珍珠磨成超细的粉状后服用，不仅能养颜，还能保养肝脏，治愈多种疾病。它的药用价值比审美价值更胜一筹。

图 2-32

第三章 鞋的设计

导读：

　　从整个历史来看，鞋子是技术发展的体现，记录着社会价值观的改变和发展。这些不同年代、各式各样的鞋也启迪着现代鞋类设计师，相对于服装，鞋履市场的挑战会更大一些。一双鞋的合理性与舒适性不仅仅取决于设计，还需结合人体力学与结构的考量。设计制作所需要的鞋楦也会因为不同地域、人种、年龄层的生活方式有着些许差异。（图3）

图3

第一节 鞋文化篇

(一)鞋的概念

鞋，穿在脚上、走路时着地的东西。鞋的产生与自然环境、人类的智慧密不可分。远古时代，土地高低不平，气候有严寒酷暑，人类本能地要保护自己的双脚，于是就出现了鞋——简单包扎脚的兽皮、树叶便成了人类历史上最早的鞋。古人类保存下来的文献，仍能给我们提供一部精彩的鞋史。

(二)鞋的发展历程

人类从赤脚到裹兽皮，再到穿鞋，是文明的一大飞跃。而裹脚之鞋从草鞋、皮履，到布鞋、木屐，再到当下五花八门的现代鞋，历经了上千年的历史和发展。

在古代，鞋不是为走路而造的，它曾是限制女性行动的工具。中国早期妇女的三寸金莲，以及奈及利亚人以数磅重的铜钱附加于女性的脚上等都是极端的例子。我们认为莲花小脚是畸形的，可在当时的社会中它被认为是美的。（图3-1~图3-3）

028

图 3-1

图 3-2

图 3-3

鞋成为时装搭配的真正繁荣期始于 20 世纪 20 年代早期。此时鞋子已有批量生产，人们可以购买不同款式的鞋，以搭配白天、夜晚变化多端的服装。有搭扣和镶边的鞋子都极受欢迎，有些有亮片点缀的和各式各样荷叶边装饰的鞋子也都风行一时。（图 3-4）

　　20 世纪 30 年代比较流行粗笨的坡跟鞋。（图 3-5）

图 3-4

图 3-5

图 3-6

20 世纪 50 年代的女性穿腻了讲求实用好穿的笨笨鞋，改穿简单细长的高跟鞋。虽然这些鞋子的后跟高得令人头晕，但也并没有因此而销路不好，反而还蔚为时尚，成为鞋子代表性感二字的首要功臣。（图 3-6~图 3-8）

图 3-7

图 3-8

随着 20 世纪 60 年代摇滚风潮的来临，设计师们推出各式各样的平底鞋，部分鞋上有迷幻图案。（图 3-9~图 3-11）

图 3-9

图 3-10

图 3-11

20 世纪 70 年代早期，木屐式坡形高跟鞋一统当时的时尚界；到了 20 世纪 70 年代中期，最"老派"的家长穿着 5 厘米鞋跟的高跟鞋也是家常便饭。(图 3-12~图 3-14)

图 3-12

图 3-13

图 3-14

图 3-15

图 3-16

20世纪80年代中期,在人们开始追求形体健美的同时,美国开始盛行 rap 音乐,R&B 也逐渐风行,使慢跑鞋和运动鞋成了"抢手"的时髦货。(图 3-15、图 3-16)

20世纪90年代,时尚休闲风的带动,让女性有较多的机会及空间去细想是否在追求美丽性感的同时,也该多注重脚部的安全与健康。在大部分女性的家中,多多少少都会有两三双高跟鞋,而今天的女性大部分选择购买高跟鞋的主要原因,不外乎它代表了时尚及穿上它会让人觉得特别性感,即使搭配裤子,亦是如此。高跟鞋还可以使人的腿部看起来更加修长。不过如果回归到健康方面来看,高跟鞋也使得穿者脚部疼痛,走路时容易筋疲力尽，而且无法跑步。最糟糕的是，如果你从青春期就已经有穿高跟鞋的习惯，那你的脚和腿会更容易扭曲变形，甚至连穿平底鞋你都会觉得不习惯且疼痛难耐。多数的女性都有如下体验：当脚部疼痛时难于专注工作，恨不得立刻把心爱的高跟鞋脱下，改穿拖鞋。

不仅是高跟鞋，现在最流行的超高木屐及足踝系带的凉鞋，在设计上脚部没有太多的支撑物，致使走路也会发生困难。但是经过时间的证明，即使它对女性的脚造成很大的伤害，大多数的女性仍然会对高跟鞋依依不舍。只是较以往有所改善的是，现代人越来越重视健康，而在穿着打扮上，也会因场合的区别而有不同的装扮，再也不是一双高跟鞋穿到底的这种折磨人的观念占主流了。

今天，没有哪款鞋能够象征这个时代，对鞋子的选择与穿者的个性和时下风行的时装潮流都有密不可分的关系。从怀旧的绣花鞋到齐膝的筒靴或是新技术材质的跑鞋，一切皆有可能成为时尚。（图 3-17~图 3-19）

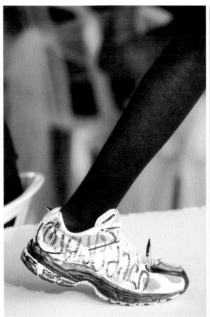

图 3-17　　　　　　　　　　　　图 3-18

图 3-19

(三)鞋的分类与特点

1. 高跟鞋

关于高跟鞋的由来，有一种说法是源于路易十四。当时，路易十四苦于自己身材矮小，不能在臣民面前充分显示他的高贵气质，就吩咐手下人为他定制了一双高跟鞋。此后，法国贵族男女们纷纷效仿，使高跟鞋很快传遍法国乃至欧洲大陆。

(1)细高跟鞋

细高跟鞋是最能体现女人风情的一款高跟鞋，并以大比例优势占领众多的走秀 T 台，而且随着造鞋技术的发展，鞋跟也被设计得越来越高、越来越细，甚至出现了细如铅笔的高跟鞋，款式自然也是越来越美。(图 3-20~图 3-22)

图 3-20

图 3-21

图 3-22

（2）厚底粗跟鞋

　　厚底粗跟鞋虽然与细跟鞋相比少了些妩媚和性感，但穿起来相对平稳，适配各种场合，给人的感觉是稳重干练、大方得体，是白领女性的首选。（图3-23~图3-25）

图 3-24

图 3-23

图 3-25

（3）锥跟鞋

鞋跟上端宽、向下逐渐窄细的锥跟鞋综合了细跟鞋和粗跟鞋的特点，也集两者优点，既不像前者那样过分正式，也消除了后者的厚重感，风格百搭，给人的感觉更活泼。（图 3-26、图 3-27）

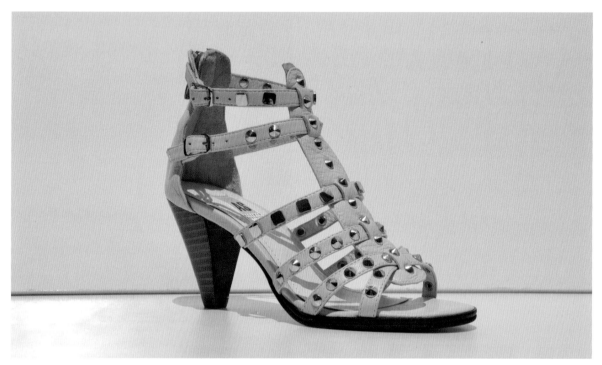

图 3-26

图 3-27

（4）包头裸跟鞋

这是近年来非常时髦的款式，晚装款式与中跟的结合既不失优雅味道，又足以体现超凡的时尚品位。几乎所有的品牌都推出过这样的设计，它是搭配晚装的最佳搭档。（图3-28、图3-29）

图 3-28

图 3-29

（5）中空鞋

　　中空高跟鞋的鞋尖和后跟均是封闭式的，中间则没有包起，可以露出一段宛如琴弦般优美的足弓。既有开放式鞋子的魅惑，又有全包式鞋子的安全感，恰到好处的裸露让优雅感倍增。注意挑选中空鞋时一定要选择尖头的，这样才能体现优雅、高贵感。（图3-30~图3-32）

图3-30

图3-31

图3-32

图 3-33

(6)玛丽珍鞋

"玛丽珍鞋"一词来自 1904 年的漫画 *Buster Brown*,漫画中女主角 Mary Jane 穿了一双圆头圆脑的鞋子，从此这种款式的鞋子就被命名为"玛丽珍鞋"。它的主要特点是绑带、粗跟、圆面，常以蝴蝶结作为装饰，有种乖巧、优雅的感觉。经过多年演变，玛丽珍鞋也产生了丰富的变化，款式更加新颖时尚。玛丽珍鞋给人的最初始的印象就是乖巧，而时至今日，单纯的乖巧会显得毫无个性，甚至给人幼稚、不够时尚的感觉。因此，改良后的玛丽珍鞋会兼具甜美、乖巧、低调等特点，搭配合适的服装，能够轻松打造充满女性气息的时尚造型。在时尚潮流更新极快的今天，永不过时的经典单品已经不多了，在各类鞋款中，玛丽珍鞋一定是最无愧于"经典"二字的鞋类，从 20 世纪初至今已经流行了一个世纪之久，充满了文化底蕴和历史厚重感。（图 3-33、图 3-34）

图 3-34

(7)坡跟鞋

女士坡跟鞋属于高跟鞋，但是坡跟鞋前面脚掌下也有一定的高度，如果同等高度的普通高跟鞋和女士坡跟鞋相比较，穿着坡跟鞋没那么累脚，也会更舒适。女士坡跟鞋一般是以整个地面为跟度，后面的高跟连着前面的鞋子，不像一般的高跟鞋只有一个细细的独立的跟。女士坡跟鞋的好处在于，配合厚底，能在有限的局面上无限增高，又比细高跟容易行走。

2. 靴

靴源于骑马装束中的高筒靴，尽显女性的高挑与挺拔，如今已发展成全球女性每年冬季最经典的流行单品之一，是女性冬季里的最爱。在寒冷的季节里，靴之所以炙手可热，不仅因为它保暖，还因为它具有非常明显的美腿效果。它能够最大限度地藏起腿部的缺点，并能帮助女性在寒冷的冬天穿上短裙，展露优美的身姿，低调、含蓄地帮助女人们达到想要的美感指数。随着科技的进步，各种新的设计元素加入靴中使现今的靴子大放光彩，有了新生命。

(1)小圆头靴开始出现回归的趋势，鞋楦的造型更为流畅，具有造型感。

(2)皮毛也是靴的点缀之一，毛茸茸的皮毛不仅视觉上很温暖，而且显得摩登感十足。

(3)看起来皱巴巴并不规则的褶皱，意味着不妥协的叛逆感和颓废劲。褶皱和靴子一旦结合，立马给人强烈的视觉冲击感，不仅平添了几分任性与野性，还增加了靴子的立体感。

(4)铜制或银制拉链已成为靴身装饰的一部分，拉链的数量、长短、排列顺序以及颜色等，以不同的方式组合会带来不同的效果。

(5)对于雨水充足的夏季，一双既好看又能防水的胶靴是绝不可少的。如今的胶靴并不只是下雨天才能使用的出行装备，胶靴内衬一层网面布料，穿起来感觉更加舒适。如果搭配适当，日常穿着也能体现出个人的前卫与时尚的个性。(图3-35~图3-37)

3. 便鞋

(1)凉鞋

便鞋中的凉鞋在人类历史上出现最早，它从原始的包裹物演变而来。每一个地域的古代文明时期都曾经出现过凉鞋，其构造极其简单，外观惊人的相似：在一双坚实的鞋底上绑系着带子或绳。例如，早在公元前3500年，埃及人就在潮湿的沙地上留下了他们的足迹——用草绳编结成和脚的大小相符的鞋底，并用生牛皮带把它们固定在脚上。后来，凉鞋被赋予各种各样的装饰，并在风格样式上不断创新。

图3-35

043

图 3-36

图 3-37

凉鞋的款式多样,如条带式、脚背扣带式、脚腕扣带式、中空式、后空式、夹脚式等。按功能分为正装凉鞋、休闲凉鞋、时装凉鞋和运动凉鞋等。功能性凉鞋兼具按摩脚底、除臭透气、矫正脚型等独特优势,以极具个性与创意的外观设计,成为越来越多女性夏日休闲的好伙伴。(图3-38、图3-39)

图 3-38

图 3-39

（2）平底便鞋

中国式绣花鞋。其上的刺绣修饰手法沿袭了东方装饰唯美的审美风尚。绣花鞋注重鞋面的章法、鞋帮的铺陈，并配以鞋口、鞋底的工艺饰条，从头到鞋跟、鞋垫甚至鞋底都绣有繁缛华丽的纹样。千百年来，绣花鞋给中国女性的脚下增添了不少的光辉。绣花鞋最讨女人喜欢之处，正是它那柔软的质地，轻轻柔柔的，穿起来非常舒适。但如果雨天出门，千万别穿它，否则就要面临清洁的难题了。（图3-40、图3-41）

045

图 3-40

图 3-41

Crocs 的大头鞋。此鞋采用了封闭式细胞树脂材料 croslite，不仅柔软、轻巧，而且抗皱除臭。符合人体工程学的款式设计使其适合长时间站立或行走。同时，鞋床上的小突点还能按摩脚底促进血液流动。气垫鞋软得像毛巾一样可以拧起来，具有较好的柔韧性。鞋底是具有 35 个减震模块的橡胶结构，鞋垫上有气孔，鞋底有条状凹槽以及阀门设计，能够使脚底空气循环流通，利于通风排汗，走起路来十分轻松。（图 3-42、图 3-43）

图 3-42

图 3-43

豆豆鞋。Tod's 是意大利著名的鞋履和包包品牌，以集优雅和舒适于一身的"Tod's豆豆鞋"闻名于世。Tod's 创造出了被形容为像是走在水床上、完全没有压力的豆豆鞋，底部的 133 颗橡胶小粒是和法拉利合作专为法拉利车主设计的，主要为了让开车的人穿了之后踩踏板不会打滑。Tod's 也因此成了意大利制鞋业里的佼佼者。几十年来，他们只有皮底、胶底、软底三款鞋，但就是这样的简单吸引了戴安娜王妃等世界级的名媛巨星。（图 3-44、图 3-45）

图 3-44

图 3-45

帆船鞋（船形鞋）。帆船鞋主要以帆布和真皮（有防水涂层）制作，形状跟乐福鞋有点儿相似，但鞋面有系带，并且鞋头较圆，是船用鞋，主要功能就是走在甲板上的时候防水和防滑，传统的穿法是不穿袜子直接穿。因为帆船鞋的鞋头圆又宽，所以不会挤脚，穿起来相当舒服，很适合长时间走路穿着。（图3-46、图3-47）

图 3-46

图 3-47

4. 凉拖

曾几何时,凉拖属于街坊装,但近些年来成了流行的时尚元素之一。追求时尚的爱美女孩们自然对脚下的鞋有极高的要求,高跟、坡跟、平底……哪种款式的凉拖才是今夏必备潮流单品?不妨都先试试看,让越来越精致、越来越性感的凉拖在你的脚下翩翩起舞,步步到位地体现女人的美感,构建足与腿之间的完美曲线。

(1)高跟凉拖和平底凉拖

高跟凉拖感觉较为高贵,且着重于图案设计,尤其是楦头完美的鞋型、超高跟的设计款式,加之粗麻质地的鞋跟、金属环扣以及脚踝系带的组合,让女人们再度享受漂亮又舒适的"高高在上"。如近年火爆的穆勒鞋,穆勒鞋来自苏美尔语的"mulu",意思是室内鞋;还有一种说法是来自拉丁语的"mulleus",指的是古罗马时期三位最高法官才有权穿着的紫红色的高底礼仪鞋。穆勒鞋的本意是指包裹着脚背、不露脚趾只露脚跟的高跟鞋。随着潮流的一次次发展变化,现在也有了露脚趾的穆勒鞋、平跟的穆勒鞋、尖头的穆勒鞋等变体,但是露脚跟是必要条件。

平底凉拖使人显得年轻有活力、自由且舒适。印花风格式凉拖更是古典韵味十足,多了一分优雅、正式的味道。木屐底的凉拖颇具田园风味。最炫的凉拖要数镶钻的细跟凉拖,细小的钻石密密地镶在简单的鞋面上,瞬间将所有的注意力吸引到一双美足上。(图 3-48、图 3-49)

图 3-48

图 3-49

049

（2）人字拖

人字拖又叫"夹趾凉拖"，结构虽然简单，却有无限的创意可能性，是时尚达人的必备单品。你可以自由地自我创造，将人字搭扣和鞋底做色彩上的自由搭配。一双成品人字拖，可以通过粘贴各种装饰，再度实现自由创作。人字拖的搭配五花八门，你可以根据自己的心情随意搭配。（图 3-50、图 3-51）

图 3-50

图 3-51

（3）Birkenstock Arizona 凉拖

拥有两百多年的历史，根据1774年的教会档案，它是当时一个德国小村庄里的鞋匠品牌。该品牌革命性的足弓是人体工程学和脚完美合拍的体现，标准软木和皮革的组合是其永恒的造型，使其成为环保的典范。（图3-52、图3-53）

图 3-52

051

图 3-53

图 3-54

5. 男士皮鞋

皮鞋一直都是成功男士的象征，一身笔挺的西装加上锃亮的皮鞋，似乎成了职场达人的标配。之所以选择皮鞋，是因为皮鞋是搭配正装最好的单品之一。《王牌特工》里有一句话，西装皮鞋是现代绅士的铠甲。不管是在职场还是正式场合，穿着西装，搭配一双皮鞋，似乎早已成为一种不成文的规定。穿着皮鞋，能让你显得更加成熟稳重，而且优质的皮鞋带来的质感，能够提升你的整体气质。但是在很多年轻人眼里，皮鞋似乎成了一条分界线，穿上皮鞋的你，就等于和自己的青春告别，迈向更加成熟的一面。（图 3-54、图 3-55）

图 3-55

放眼全球，最好的男鞋离不开这三个国家：英国、法国、意大利。英国的鞋正派细致，鞋型考究；法国的鞋皮色高级，尤其擦色工艺独树一帜；意大利的鞋造型风骚，美但不好驾驭。Santoni，1975年创立于意大利，是综合实力最强的制鞋大厂，每年可生产30万双鞋，手工缝制而成的暗缝装饰缝线是它的特色。孟克鞋是Santoni的经典鞋型，其单扣孟克鞋造型修长，设计时尚，适合年轻男士。英国Edward Green，世界上最早的固特异沿边缝品牌，创立于1890年，是可与John Lobb媲美的鞋履品牌，同样深得英国皇室的喜爱。Edward Green对皮鞋的贡献是首推"古董风"棕色鞋款，打破了英国"never wear brown in town"的穿着习惯，成为皮鞋界的改革者。Edward Green202鞋楦也是国际男鞋最经典和最具影响力的鞋楦，诞生至今从未被超越。Berluti品牌，1895年诞生于法国，隶属于LVMH集团，出产量极少，每一双鞋要手工花费250个小时才能完成。Berluti真正厉害的地方在于它对审美的推动，现在越来越多的品牌开始模仿它的Patina古法染色工艺。(图3-56、图3-57)

图 3-56

图 3-57

6. 运动鞋

这些年，随着运动装备的专业化进程加快，对一个喜欢运动的人来说，运动鞋代表了一种生活态度，在行走与运动中，只有运动鞋是自己最默契的伙伴。这是因为运动鞋具有轻便、柔软、弹性良好的优点，像一位良友让你觉得自由轻松，随时保持灵活敏捷。

（1）跑鞋

适合跑步时穿，可以提供缓震，给脚部以稳定支撑。多年来，各品牌一直遵循着按照消费者对跑鞋性能的需求来分类的原则，将专业跑鞋分为以下三种类型：缓冲款（CUSHIONING）、稳定款（STABILITY）、控制款（MOTION CONTROL）。其中，缓冲款跑鞋是市场上最常见的，也是各大品牌经常会主推的款式，比如NIKE 的 REACT、ASICS 的 NIMBUS，而稳定款在专业跑鞋中的占比仅次于缓冲款，最具代表性的有 ASICS 的 KAYANO 系列、NEW BALANCE 的 860 系列等。控制款是将鞋内侧设计成双密度+嵌入式 TPU 双重支撑的形式。知道这三种跑鞋类型后，我们还要了解"步态"这个概念，因为每种类型的跑鞋会对应不同的步态。步态即运动时足部发生的旋转状态，也同样分为三种（过度内旋、正常内旋和内旋不足），而跑鞋正是在此基础上进一步强化功能和矫正姿势，如果你是正常内旋或者内旋不足的话，那选择缓冲款再合适不过；如果是过度内旋和正常内旋的跑者，自然要选择稳定款的跑鞋；控制款同样是针对过度内旋跑者的，只不过与选择稳定款时有所不同，控制款对应的是较为严重的过度内旋情况，另外，对于超大体重、扁平足跑者而言，这种跑鞋也比较适合。（图3-58）

（2）篮球鞋

打篮球的时候，篮球鞋具有增强减震、给脚踝提供有力支撑的保护作用。（图3-59）

图 3-58

图 3-59

（3）足球鞋

踢足球的时候，足球鞋前脚掌的鞋钉有助于人们在奔跑中产生更强的爆发力。（图3-60）

买鞋时要同时试穿两只鞋，比较后再做决定。要穿上棉袜试鞋，保证脚有足够的活动空间。要相信感觉，最合适的鞋子一上脚就会相当舒服。功能性、质量是优先要考虑的，不要贪图便宜买那些"看起来很美"的运动鞋。（图3-61~图3-63）

图3-60

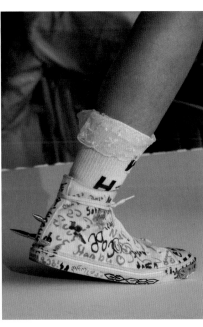

图3-61   图3-62   图3-63

第二节　鞋的设计与制作篇

(一)鞋子的结构

鞋子的结构一般由鞋口、沿口、前帮、后帮、鞋跟(包括跟底)、鞋底这六部分组成。有些鞋子还有鞋舌和鞋带。(图3-64)

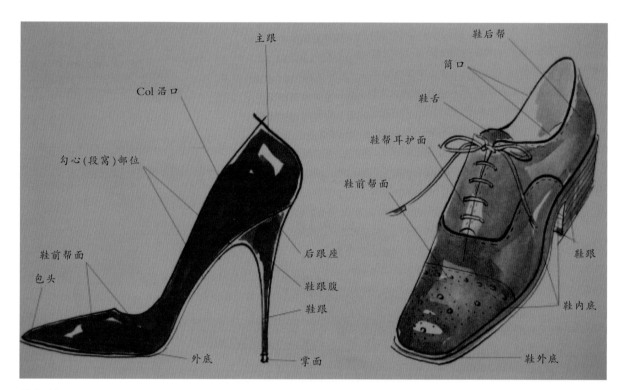

图3-64

(二)鞋子的设计

在设计鞋子时,不仅要注重美观,更要注重健康、舒适。选择一双合适的鞋子,走起路来才不费力,同时又有利于足部的保健,所以,一双合适的鞋子对于人的足部以及整个身体的健康都很重要。

1. 鞋底设计

最常见的鞋底结构就是单层皮底,如绅士皮鞋、女士时装鞋等,由于绅士皮鞋通常要求外形较合脚,单层皮底使之外形看起来较为优雅秀气。而美式工装靴由于是设计给工人穿的,必须要更耐磨、更耐穿,因此大多会采用双层皮底设计。

(1)大底设计

日常鞋的大底设计不可过软,否则会造成小腿过度疲劳,而且对于布满碎石的小路或表面有凸起的岩石,鞋底的刚性和硬度可以起到关键的保护作用。但鞋底过硬也不行。薄橡胶底、塑胶底或是复合底偏硬,对脚部的缓冲少,所以脚掌容易起厚茧。比较好的舒适鞋底有厚橡胶底、美耐底、舒特隆底、软牛筋底等。真皮大底一般外贸出口或是高端用鞋才会用,比较舒服,但价位比较高。把鞋子弯曲一下,越易扭曲,弹力越大,表示品质越好。皮底磨损需要换底时,可在皮底上贴一层皮底,然后用铜钉固定。这种做法的好处是将来只需要更换贴在外层的那片皮底即可，不需要拆线而破坏整双鞋的结构，换底的费用也便宜很多。

从外形、结构和搭配来看，皮底鞋适合在正式场合穿着，也是路人、大学毕业生、职场小白升级为绅士的必备单品之一。相较于球鞋或胶底鞋，皮底鞋更能让人感受来自地面的反馈，走路时清脆的脚步声使人有种稳重成熟的气质，就像穿着高跟鞋的女士气质瞬间提升。不过穿皮底鞋要特别注意一点，尽量避免碰水。因为皮革碰水会软化，皮底软化后容易变形，继而影响鞋子的耐用度。如果不小心碰水了，可以放到通风处阴干。（图 3-65、图 3-66）

（2）后跟及外侧设计

后跟和外侧是一般人走路最容易磨到的地方，因此许多鞋后跟都会多加一片橡胶天皮。磨损后可以再更换，这样做可以有效延长鞋底的"寿命"。（图 3-67、图 3-68）

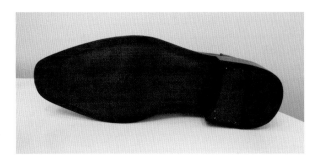

图 3-65

图 3-66

图 3-67

图 3-68

057

（3）鞋头底设计

鞋头也是容易磨损的地方，因此有不少人会在皮底加装鞋头铁片，既耐磨又美观。鞋头铁片也可以用橡胶垫片替代，不过铁片气场更强。

2.鞋跟设计

（1）高度的设计

日常鞋跟的设计不要过高。从健康的角度来看，选择高跟鞋不应该盲目追随潮流，而应该选择高度合适的鞋跟。过高的鞋跟会使腿部肌肉和韧带始终处于紧张收缩状态，会造成膝盖僵直。高跟鞋的独特造型使得穿鞋的人全身重量集中在脚趾上，太高的鞋跟迫使趾头向前挤压，日久不免足部畸形。晚宴或婚礼时所穿的高跟鞋，可根据场合的气氛、礼服的式样特点、穿着者的年龄等来设计适当的高度，通常婚礼场合的鞋高度不要超过 7 厘米，晚宴场合的鞋高度不要超过 10 厘米。（图 3-69、图 3-70）

图 3-69　　　　　　　　　　　　　　　　　　　　　　　图 3-70

（2）跟型设计

目前鞋的跟型有裙型跟、坡跟、路易跟、匕首跟、锥型跟、直型跟、直卷跟、方跟这八种跟型。裙型跟、坡跟：舒适大方，且鞋跟的高度在 5 厘米左右，适合日常穿着，也适合年龄稍大的女性穿着。（图 3-71~图 3-73）

图 3-71　　　　　　　　　图 3-72　　　　　　　　　　图 3-73

路易跟、匕首跟、锥型跟：优雅、性感、有明显的修饰腿型的作用，常是舞会、晚宴的最佳选择。（图 3-74、图 3-75）

图 3-74

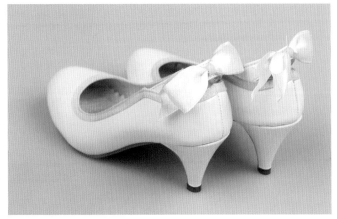

图 3-75

直型跟、直卷跟、方跟：干练、稳重、大方、舒适，常是职业装的最佳搭配。（图 3-76、图 3-77）

图 3-76

图 3-77

跟型的设计可根据穿着的场合或服装整体装扮、流行趋势、整体造型等进行综合考虑。（图 3-78~图 3-81）

图 3-78

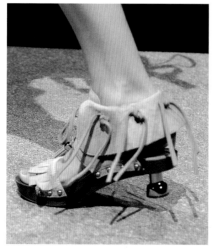

图 3-79　　　　　　　　　　　图 3-80　　　　　　　　　　图 3-81

（3）鞋帮设计

鞋帮可分为鞋头、前帮面、后帮面、沿口、装饰细节。

A. 鞋头设计：总的有方头、圆头、尖头三种鞋头。方头、圆头、鞋头较宽、舒适、适合休闲鞋、职业鞋的设计，但是造型欠优雅。尖头、性感、时髦、优雅，适合晚宴、舞会、社交场合的鞋的设计，但鞋头较窄，不够舒适，长时间穿着会非常累脚。另外，春夏的鱼嘴式女鞋也属于尖头式的变化设计。（图 3-82~图 3-84）

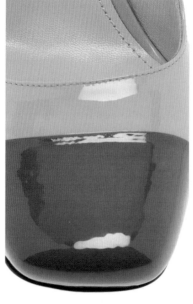

图 3-82　　　　　　　　　　图 3-83　　　　　　　　　图 3-84

B. 前帮面设计：主要是鞋帮面的分割设计与装饰物设计。如镂空设计、切割设计、刺绣设计、花饰设计等。（图3-85、图3-86）

C. 后帮面设计：主要是高、低、中三种帮型设计。高帮就是鞋后帮的高度在脚踝以上的地方；中帮就是在脚踝中部的地方；低帮就是在脚踝以下的地方。通常高帮适合冬季鞋的设计；中帮适合登山鞋、运动鞋和职业装鞋的设计；低帮适合夏季鞋及休闲鞋的设计。（图3-87~图3-90）

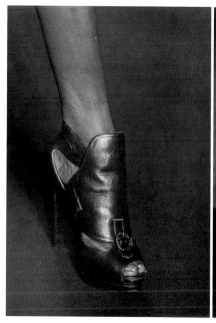 

图 3-85　　　　　　　　　　　图 3-86

图 3-87　　　　　　　　图 3-88

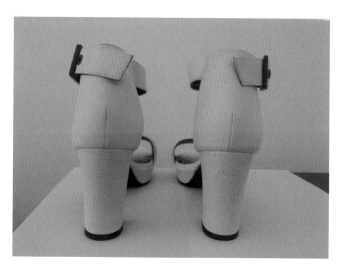 

图 3-89　　　　图 3-90

D. 沿口设计：主要是沿口的造型设计要符合人体工程学，达到适脚、合脚的目的。有些甚至要开口，装鞋舌和绑带，增加鞋子的合脚程度。（图3-91、图3-92）

E. 装饰细节设计：根据鞋子的风格采用适当的装饰配件。如五金、花祥、拉链、织带、纽扣等。（图3-93~图3-96）

图 3-92

062

图 3-91

图 3-93

图 3-94

(三)绘制鞋子的效果图

1. 绘制的目的

无论你是出于何种原因绘制鞋子的效果图,都需要捕捉到鞋子设计的独特性并将它加以升华。为了更好地表现鞋子的舒适性和时尚性,在绘制的视角上要独特。

2. 绘制的方法

(1)认识鞋子的第一步就是要细致观察。鞋子不是平的,它从脚趾到脚跟整个包裹着足部,并且足弓的高度比脚尖的高度略有抬升。绘制时注意一定要遵循透视原理。

(2)鞋子的造型角度设计。鞋尖和鞋跟的形状是鞋子的两大特点,它们展现了鞋子的独特设计,因此需要被重点强调。这些特点可以通过三种角度来展现:正面的视角,俯视,四分之三视角。其中四分之三视角能够清楚地展示鞋尖,并且适当地展现鞋跟的独特设计,鞋子的外侧可以更好表现设计元素。这一点对鞋子的展示非常重要。(图 3-97)

图 3-95

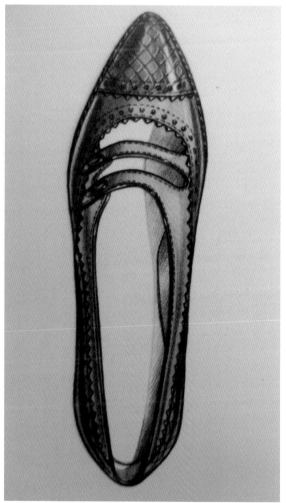

图 3-97

063

图 3-96

（3）效果图的用途。选择某种效果图的表现技法就要考虑效果图的用途。如果该效果图用于生产，这样的效果图需要比例精准写实。如果效果图被用于商业和出版，那么成功地引起消费者的购买欲就是目的。如果你是设计师，你需要通过画作让人第一眼就了解你的设计构思。

（4）学生手绘作品。对造型的变化是此次设计的重点。依据流行趋势，从寻找灵感到装饰设计，再到系列设计要求创新。（图3-98~图102）

图 3-98

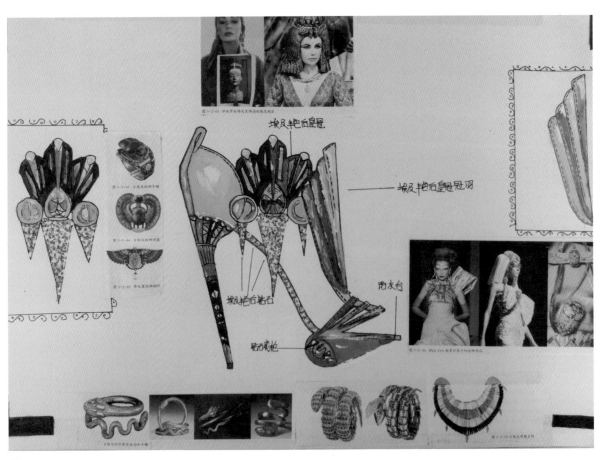

图 3-99

图 3—100

图 3—101

图 3-102

(四)鞋子的制作程序

鞋楦可以说是鞋的灵魂,一副鞋楦对应一双鞋。如果你发现一双鞋很磨脚,可能是那双鞋的鞋楦与你自身脚型相差较大引起的。制作一双鞋子需要100道以上的工序,穿上一双舒服的好鞋,会影响一整天的情绪,所以制鞋的每一个步骤都不可以马虎。

制作一双鞋,最重要的是手刻制作木头鞋楦或是塑料鞋楦。制作鞋楦有两个重点:一是脚底弓形弯曲的弧度,二是是否能够完全平均承受人体上半身的重量。不论是手工生产还是批量生产,不同的鞋型皆有不同的鞋楦设计。专业的鞋楦制作者,必须同时拥有精湛的技术和领导流行的眼光。(图3-103)

一个鞋楦正确的量法共计35道程序,才能让穿着鞋的脚部完全支撑人体的重量。另外,制作者亦需注意脚趾头的左右对称,脚背的轮廓及高度,还需注意大脚趾的高度也会影响穿鞋的舒适度,且要留有足够的空间让脚能在鞋内自由地活动。所以一个专业的鞋楦制作者,最大的挑战在于将脚的各部分比例准确地测量出来,不可以只顾及流行趋势及时尚线条而忽略鞋的合理性。(图3-104)

图 3-103

图 3-104

高跟鞋的制作,除了要注意高度外,也要注意鞋腰及鞋口的尺寸,鞋后帮的高度也非常重要,过高会磨痛脚腱,过低则无法抓脚部,造成不跟脚的情况。脚弓部分是决定一双鞋子舒适与否的关键点,这个部分包括脚背及脚踝,也是停脚时支撑上半身重量及脚部活动的支点。

鞋楦做好后,依照鞋楦打样。打样师剪裁皮革及内里,在鞋缘上缝合之后,再仔细地加上鞋头衬垫及后踵套(加强鞋帮硬度),然后轻轻地敲打鞋面,让内里与鞋楦开关更密合、更舒服。专业的鞋匠,要很小心地将做好的鞋面放在鞋楦上,用力拉紧后用钉子固定。传统制鞋法须将鞋面固定在鞋楦上两个星期,待其完全定型后将鞋跟削整齐,修理边缘。之后再进行鞋底磨光和增加内里,并把皮鞋鞋面用油磨光打亮后,一双鞋就完成了。(图3-105)

图3-105

第三节　鞋的搭配篇

　　美丽的鞋子，每个女人都喜欢。尤其是一双纤细秀气的高跟鞋不仅能拔高你的身姿，还能修饰小腿的线条，更突出女性婀娜的体态。然而，大多数女性都以为鞋子不像服装，受身材高矮胖瘦的影响，只要喜欢就可以穿。其实，这种想法欠妥。一百双脚就有一百个不同的形状，脚型不同，搭配的鞋子也各有千秋，只有搭对了鞋子，才能为整体服饰加分。下面就介绍一些鞋的选择与搭配的艺术。（图 3-106、图 3-107）

图 3-106

图 3-107

(一)鞋的穿着艺术

1. 选鞋的一般要点

(1)注意鞋跟的高度与身高的关系。个子越高的人越适合穿高跟鞋,身材娇小的人如果非要挣扎着穿10厘米的高跟鞋,那么身材与鞋的比例顿时会失去平衡。身高160厘米以下的女性最好选择10厘米以下的精巧高跟鞋,反倒能衬出秀美、干练的体型。(图3-108)

图 3-108

(2)身高不高不宜选择齐膝长靴,否则整个身材会因此显得更加矮小。

(3)体型较胖的女性如果寄希望于用尖、细、高的鞋跟来增加几分秀气,往往事与愿违。

(4)皮靴并不是胖女性的最佳选择。矮胖的人穿上皮靴,显得笨拙;高胖的人穿上皮靴,则是一副雄赳赳的武夫形象,女性的温柔感荡然无存。

(5)如果腿细长,就穿踝部系带的鞋子,最好是T型系带鞋,或是前部露脚趾的鞋。

(6)穿鞋露双腿时,要求膝盖到脚跟的长度比膝盖到胯骨的长度要长一些,即小腿要比大腿长一些,这样才能显得美。

2. 根据脚型选鞋子

(1)厚实型:脚上看不到明显的骨感和曲线,夏天穿凉鞋不论如何都觉得笨重。别担心,选择高台鞋,将粗笨的脚掌装起来,选择斜线条、竖线条以拉长视线,如果再若隐若现地露出一点儿皮肤,更是多了几分柔美。(图3-109)

(2)瘦长型:选择造型别致、秀丽的款式,前面一条横过来的细细带子,刚好把别致的美足展现出来,此时不妨尝试无腰线的筒式中长背心裙,雪纺材质的轻盈感将和鞋子相互辉映。(图3-110)

图 3-109   图 3-110

（3）足弓太高，选择一双支架高的鞋。如果是平足或是足弓不明显，不妨尝试一下足弓弧线设计的中跟鞋。（图3-111）

3. 根据腿型选鞋子

（1）短腿型：选择高跟靴可以改善身材不够高挑的缺点，尽量选择比较紧的靴款，以简单的系带款式为首选，可给人以成熟的感觉。

A. 腿部线条过直：如果大腿和小腿的线条几乎一样，那么选择流苏靴，流苏转移了他人的视线，恰恰弥补了腿部线条过直的缺憾，让腿部看起来更加灵动活跃。此时，袜子的搭配以选择简单款式为宜。

B. 腿型过细：选择流苏系带中长靴，把自己过于纤细的小腿藏起来，挑选风格比较繁复或者装饰物较多的靴子，横向拉开视觉比例，流苏、系带、翻边等都是不错的选择。

C. 小腿粗壮：也是选择中长靴，以靴筒高于小腿最粗处的款式为佳，上面最好带有一些垂直的图案花纹，把人的视线引向纵深方向，如褶皱型的靴子、牛仔靴。中等偏短的靴子是最大的忌讳，也不能搭配裤袜一类轻薄又紧身的下装。

D. 大腿粗壮：选择带有皱褶设计的靴款，用靴子的体积感来中和大腿的不完美。选择一些鞋口适当宽一些的靴子，靴筒也要稍微宽松一些，这样才可以遮盖不完美的腿型。黑色、深咖啡色都是很保险的颜色，过于鲜艳的颜色并不适合。（图3-112）

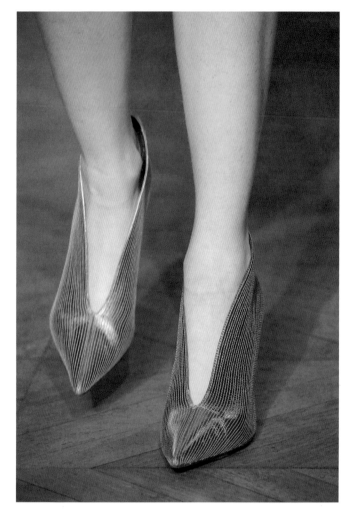

图 3-111

图 3-112

E. 腿部比例不协调：不妨试一试高跟的中长靴加过膝长袜的组合，以达到拉长小腿比例的视觉效果。如此，整体造型将看起来十分和谐，轻松又简单，洋溢着青春的气息。（图3-113）

（2）O型腿：选择带有翻边设计的中长靴，如果有比较明显的图案可以转移他人的视线，后跟可以高一点，这样在行走时会不自觉地抬头挺胸，夹紧双腿。

（3）X型腿：选择带有翻边设计的中长靴，如果鞋边外侧带有明显装饰物，可以使膝盖部位看起来与上下宽度比较一致。如果搭配有格纹设计的中裙或短裙，加上彩袜作装饰，可以巧妙地掩盖原有的缺点。（图3-114）

4. 高跟鞋的穿法

穿高跟鞋走路时要将重心向后移，以平衡因穿高跟鞋而向前移的重心，使走路更平稳些。不要买刚好和脚的高跟鞋，可以买稍微大半码的鞋，给脚趾一定的空间，如果脚趾一直顶在鞋的前面，脚趾会受力过大，走路时看上去既不美观也容易

图3-113

图3-114

损伤鞋子。高跟鞋一般不要长时间穿着，最好短频率地多次穿，这样既能保持好鞋子的外形，又能减少高跟鞋对脚的伤害。而且不要总穿相同高度的高跟鞋，以免脚部同一部位经常受到挤压而变形。穿着高跟鞋走路时应挺胸收腹，自然大方地稳步前行，最忌弯腰屈腿地走路。走累时可坐在椅子上，活动下小腿和脚踝。如果穿比较高的高跟鞋，一定要注意场合，有的鞋只适合在室内或者舞会上穿，不宜疾走快跑，以免脚部发生损伤。（图3-115）

图 3-115

5. 鞋的色彩搭配

鞋的颜色选择通常有两种方式：与衣服顺色、与服饰元素相呼应，与衣服撞色。

（1）顺色搭配，一般选择与衣服属于同一色系的鞋子，或同样的颜色——或深一点、或浅一点，选择背包时尽量选择撞色包作为点睛之笔，曾经的包和鞋子同一颜色的规则在时尚圈并不适应，更适用于政商场合。在鞋服顺色和呼应这一点上，西班牙的莱蒂齐亚王后可以说是成了很多人行走的穿衣教科书。

（2）撞色时可以与包颜色一致，也可以不是同样的颜色。只要身上穿的颜色少，以纯色为主，高跟鞋就可以以点睛之笔存在。把鞋服撞色运用得炉火纯青的人莫过于当今独树一帜的时装设计师维多利亚·贝克汉姆了。如果你觉得自己足够自信，有足够的气场，不妨学学维多利亚的鞋服搭配方式。

（3）经典色彩搭配：裸色系、白色、黑色、红色。这四种颜色基本上可以满足所有场合的需求。黑色鞋最适合通勤，和通勤衣服搭配不会出错，而且黑色鞋显得沉稳大气，适合各种风格的小仙女。白色鞋适合春、夏、秋三个季节，可以说是性价比非常高了，在气候温暖的季节中，一般穿着浅色衣物，搭配白色高跟鞋是非常合适的。珍珠光泽的裸色鞋显得比较有档次，适合约会。大红色鞋穿上以后简直是气场全开，一看就是职场中的女魔头，充满侵略感，但又比黑色显得有女人味儿。总之，红色高跟鞋让你纵横职场，所向披靡，永远不会过时，而且不会有小女人的感觉。

（二）鞋的保养与收藏艺术

越重视搭配打扮的女人，就越要勤于保养鞋子。好不容易买到自己满意的鞋，应善加保养，以延长其寿命。一旦试着学习保养鞋，便会发现其实并不需要花费太多时间，还可提升自身知识与素养。

1. 新鞋的保养

新买的真皮鞋由于出厂、销售的过程比较长，其刚下生产线时做的保养已经消耗得差不多了，所以购买后不要立即穿上，应薄薄地打一层鞋油，放置一天后再穿，这样可对皮面起到保护和软化的作用。为保护新鞋，在未穿前，用蓖麻油将鞋底接缝部分擦一遍，能加强防水的效果。鞋面如欲保持长久的光润，可用鲜牛奶涂擦一遍，将收到意想不到的效果。一般而言，新鞋再喜欢也不应该连续穿好几天。再耐穿的鞋也经不起每天穿用，连续三天以上穿同一双鞋子，会使鞋的外观变形走样加快。同时，长时间穿用一双鞋，容易使鞋受潮，受潮后会对鞋里外防水、透气、皮质、线等性能造成严重损害，鞋的寿命就会大大缩减。因此，最好多准备几双鞋子，以便经常替换，让新鞋"呼吸"一下，

"休息"一下，能有效防止鞋老化，延长新鞋的寿命。新鞋最好隔天穿一次，每次穿后应将皮鞋放在阴凉通风处晾干，以防滋生细菌。

2. 鞋的日常保养

(1)时常检查鞋有无受损，切实做好平时的保养，定期清洁鞋子。每次穿后用刷子刷去鞋底淤泥，并涂上保革油或防水剂。保养鞋子的基本用品除了鞋刷、清洁油、鞋油、布、防水喷雾外，还包括具有清洁滋润效果的防水喷雾、保护修复乳液、清洁组合等。鞋刷最好使用马毛的，至少要拥有两支大小不一的鞋刷，大的刷鞋子的整体，小的刷细部。鞋油应与鞋色相配。茶色的鞋子用茶色的鞋油，黑色的鞋子用黑色的鞋油。正确的刷鞋顺序如下：用大刷子轻刷整个鞋子→鞋沿或接缝等凹凸部分用小鞋刷刷掉污垢细尘→松开鞋带，用小鞋刷刷掉从外侧不易见到的污垢→挤少许清洁油于布上，涂满整个鞋子，将残留在鞋上的旧鞋油彻底清除干净→拿另一块布或软纸，蘸上少许鞋油，涂满整个鞋子→用干净的软布磨光整只鞋→喷上防水喷雾，既能防水还能防止沾染污垢。

(2)用乳化性鞋油擦拭皮革，以使皮革有光泽与养分。每种皮鞋都有不同的性质，所以需要采用不同的护理方法和护理用品。通常，光牛皮、雾面牛皮最好用白色或无色鞋乳，不可用油性光亮剂打理。蛇纹牛皮可用鞋乳或水性光亮剂打理，不可用油性光亮剂。花纹羊皮、格子羊皮可采用较好的无色高级鞋乳打理，不可用光亮剂。擦色羊皮应采用无色的鞋油打理，护理时轻涂、轻擦，勿用光亮剂。对于平面漆皮、皱漆皮，可用皮革清洁剂或清洁膏打理，但不能用光亮剂或鞋乳打理。水染皮、打蜡皮，不穿时要擦净灰尘，用鞋乳打理，以保持鞋面的光亮度。暗花羊皮，用较好的鞋乳、鞋膏即可。

(3)鞋子穿着前，最好在通风处摆放一天。长期收藏时，要彻底清理干净，使用防霉清洁剂清除污垢并防霉，时常拿出来透气，应内置干燥剂。一旦在鞋面出现"白霜"，一般多是盐霜或霉霜。盐霜颜色较白，易溶于水，用水擦去即可，滴上几滴食醋，再将皮鞋晾干。霉霜为白色带绿，抖动时会有少量烟雾产生。它往往是在皮鞋存放过程中产生的，特别是潮湿多雨天气或皮鞋较脏的情况下。当皮鞋出现霉斑时，先用酒精、氨水和水(比例为15:10:75)溶液稍稍用力将其擦去。待干后，再认真涂擦一次鞋油，并存放在较干燥处。皮鞋必须晾干，打好鞋油后，在鞋内放一些樟脑丸，以防虫蛀。选择通风的地方保存，并注意防尘。定期取出擦一擦，特别是在梅雨季节，要拿出来吹吹风，已有霉点的将霉点除掉，并及时补擦鞋油，一般一个月一次。

皮鞋不穿时正是修复变形的好时机，请及时撑上鞋撑。高档次的皮鞋，应该使用有螺杆调节的鞋撑；一般皮鞋也要用瓦片式鞋撑将鞋的前帮撑起；即使是低档次的皮鞋，也应该用废纸将皮鞋的前尖塞满撑起，以校正和防止皮鞋塌陷、扭曲、翘起。

如何选择一双好的鞋子？我想这是大家比较关注的实际问题：首先鞋背要长，才好走路；保留1厘米的前头空隙让脚更舒服；人的脚不是尖的，因此买鞋时，可选较大一点的，让鞋尖保留一些空隙，也可马上请店家帮你把鞋头楦大；鞋最宽处应是小拇指到大拇指的宽度；3厘米的低跟，跟宽就能走得稳；鞋跟应和鞋子同宽才能站得稳，这是最佳选择，酒杯跟、小圆柱跟虽然性感，但容易重心不稳。

第四章　包的文化与设计

导读：

纵观整个 20 世纪的发展变化，包毫无疑问地反映了女性们职业和愿望的变迁：一方面，它具有实用意义的功能性；另一方面，它也让人浮想联翩，因为那里面装满了女人们的秘密和梦想，也让人们通过它看到主人的品位与喜好。正是多姿多彩、风格各异的包文化给我们带来丰富的遐想空间，烘托了现代文明的氛围。（图 4）

图 4

第一节 包的文化篇

(一)箱包、手袋的概念

箱包,是用来装东西的各种包包的统称,包括一般的购物袋、手提包、背包、单肩包、挎包、腰包和拉杆箱等。手袋,是指具有手挽的各种袋的总称,广义的手袋,其产品包括有肩带的包袋、背袋;没带的手袋称为银包、皮夹,还可以称它为袋、包夹。根据手袋的用途可以分为旅行袋、公文袋、时款袋、包装袋、银包、腰包、书包、皮夹八类。

(二)手袋的发展历程

从原始社会到19世纪初,手袋随着服装一起变化发展,由于服装款式变得异常轻薄合体,以至于人们不能再依赖于口袋,口袋包成了现代手包的鼻祖。直到19世纪中叶,"手袋"的术语才开始被采用,用来与其他箱包相区别。这些手袋以其完美的工艺和制作水平,成为人们生活中不可缺少的一部分。

1.古代的囊与袋

早期的布袋只是简单的布巾,几个角对捆在一起,形成一个口袋,以便收集东西。用来装取猎物的手袋的雏形出现在大约1800年前,不过它只是衣服的一部分,还不是现代意义上的手袋。

(1)囊,随身系带的用以放零星物品的小口袋。早在商周之时,民间已有佩囊之习。用皮革制成者,专用于男性;以丝锦为之,专用于女性。(图4-1~图4-3)

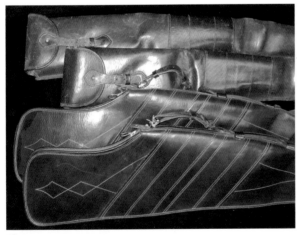

图4-1

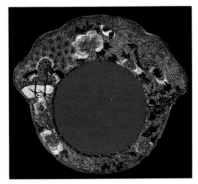

图4-2

图4-3

（2）包袱，用布包起来的衣物包裹，可挎在胳膊上或背在肩上。日本人把包袱皮叫作"风吕敷"，发源于澡堂，后来成了时尚的礼品包装，不仅仅能包衣物、书籍、酒甚至西瓜等一切皆可包。现代人崇尚简约和环保的生活，作为减少垃圾(Reduce)、重新利用(Reuse)和反复回收利用(Recycle)的3R理念的典型例子，古旧的包袱再次进入人们的视线。

（3）袋，悬挂在腰间的小口袋。欧洲中世纪时期和16世纪，基督教日渐普及，为了体现救苦济贫的精神，基督教徒常在街头和教堂施舍穷人，因此钱袋成为常备之物，材料上采用丝绸、皮革、丝绒等，镶珠宝、珐琅，或用金线刺绣，再用长长的金属链悬于腰带上，成为美丽的装饰物。这个时期，女性把手袋系在非常重要的装束——腰带上面，因为当时衣服里面没有口袋，所以腰带上除了手袋还会系上重要物品，比如香丸、钥匙、祈祷书，甚至匕首等。刺绣四方抽绳钱袋非常流行，绳子通常比较长，悬在衣服上。（图4-4）

图 4-4

17 世纪，由于下水道和污水处理系统尚未开通，卫生条件比较差，所以这一时期的包包主要是小型香包，人们在里面放上大量的玫瑰花瓣、珍贵香料来掩盖住让人不愉快的味道，包里通常还要放一些草药以预防传染病，这个时候包包是身份和地位的象征。受到巴洛克风格的影响，这个时期的包包多用奢华的金银线、流苏、嵌花、亮片和丝带作为装饰，日常的手袋为了防止末端绳结系得太紧不好打开，一般都用木珠来封口。（图 4-5）

图 4-5

2. 近现代手袋

（1）18 世纪与 19 世纪的手袋

最初，手袋是用来盛放一些与妇女社会生活相关的物品，如舞会的请柬、日记本、扇子、手绢、信件等。一场法国大革命让服饰变得修身，口袋就没办法藏进衬衫里了，包包正式和服饰独立开来，手拎包开始流行，这时候的手袋被叫作"手提袋"，也被称为"不可或缺的东西"，里面有胭脂、散粉、扇子、香水瓶、名片、卡片盒以及用来减轻昏迷或头痛的嗅盐。在 18 世纪，包袋有了更多的装饰技巧，珍珠、金箔、金银线条纹都被广泛地应用，织带包边、刺绣技巧也更为精致，火焰针法出现了，能绣出类似火焰的式样，也流行先用黑白线刺绣随后再补上彩色的花卉以及风景图案的绣法。信封包在 18 世纪初见雏形，称为"pocketbook"，意为口袋钱包，小巧便携，一般开口处有纽扣，有些也可以对折，玫瑰和水果、人物都是包上刺绣的流行图案。（图 4-6）

图 4-6

19世纪的英国手袋是很多女性的重要随身物品，并且是必不可少的。但最初的手袋并不是服装工人制造的，而是马具店皮革工人制造的。之所以叫作"手袋"是为了有别于其他类型的旅行包。可想而知，当初的手袋原料多为皮革制品。19世纪，腰链回归，钱包被挂在腰链上悬在腰间，也有的挎在手腕上，裙子的腰线升高让包包造型变得小巧精致，铁口搭扣包重回大众视野。为了表达对理想家庭生活的憧憬和向往，家庭和花卉是很流行的图案，女性会自己制作包袋，向未来的丈夫彰显自己的缝纫、刺绣技巧，通常自制的包袋上会绣上制作日期和自己名字的缩写。随着铁路路线的大量开通，人们出行变得更加便捷，女性不再拘束于家里而选择走出去探索更多的世界，为铁路出行而设计的手提旅行箱应运而生。而行李箱里面的隔层、扣件以及锁扣都成为包袋灵感的来源。（图4-7）

（2）20世纪初期的手袋

20世纪初，作为时尚代表的手袋成为司空见惯的流行物品，受当时横扫欧洲的"东方文明"风气的影响，手袋变得千奇百怪。女性提手提包走路已成为风气，手提包中除了钱和个人用品外，还有许多女性在包中放着烟嘴、烟盒——女子吸烟的现象已和男子一样普遍了。但在那个时代，时尚还只是富人的"专利"。微薄的收入和繁重的工作使劳动阶层的妇女与时尚无缘，也与手袋无缘。（图4-8）

（3）20世纪二三十年代的手袋

20世纪20年代，大众传播媒介日益发达，时尚已不再是上流社会的特权，各阶层的妇女都加入了追赶时尚的行列。而手袋也

图 4-7

图 4-8

图 4-9

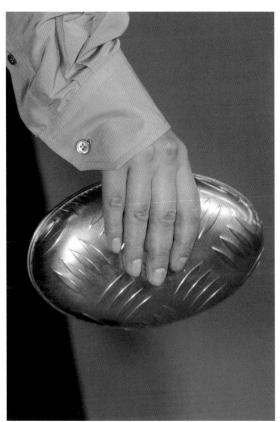

图 4-10

开始显现它们本身的特点。镶珠的袋子随着音乐节拍的摇晃而发出声响，和当时流行的爵士音乐一起奏出一首首动听的"协奏曲"。同时，因外出旅游的人增多，用皮革做的结实的手提包向大包发展。所以一种女用手夹的扁平信封式皮包出现，其用高级面料制作，并镶有宝石。20世纪30年代，手袋制作迎来一股复古潮流，但又有一些新的元素出现，风格上大方、简洁、利落。由于拉链的出现、普及，用于皮包上的扣子被拉链替代。毛皮也被大量使用，如海狸毛、山羊皮、牛皮、人造鹿皮等。这一时期，好莱坞电影的空前发展，对时尚的流行产生了巨大的影响。手袋有了流线型的外形和好的柜架，朴实的材质古朴而典雅。（图4-9）

（4）20世纪四五十年代的手袋

充满硝烟的20世纪40年代，手袋设计更加强调实用性，而实用主义的潮流受到军用设计的影响，挎在肩头的包风靡一时，因为可以用来装防毒面具、定额配给的票据和身份证等最为实用的行头。硝烟纷飞的战争岁月虽给人们带来极大痛苦，但它促使手袋向平民化和简单化大大地迈进了一步。战争结束，经济逐渐复苏的20世纪50年代，女性服饰迅速地转向性感和妩媚。而手袋为配合服饰，也毫不例外地走向性感和妩媚。（图4-10）

（5）20世纪六七十年代的手袋

20世纪60年代开始，人们的生活在各方面都进入了一个流行化和大众化的时代。被动荡与不安充斥着的整个20世纪60年代，全世界的年轻人似乎都跳动着相同的脉搏，为自由与和平付出了所有的热情。这一时期，摇滚乐与流行音乐已不单是一种音乐形式的革命，它形成了一种为广大青少年接受的横跨地域与文化的新语言。充满青春活力的迷你裙和裤装款式的革命也随摇滚音乐的流行而诞生。迷你裙也呼唤着新式手袋的出现，于是各种小小的、有长肩带的、式样简洁的挎包挂上了年轻人的肩头，让路人好不羡慕。而随着20世纪70年代后期新浪漫主义和古典复兴的概念出现在流行服饰中，一些窄背带的挎包、钓鱼包等带有清新乡村风味的手袋出现在人们肩头，也反映着在经济大潮的涌动下，人们要求逃避城市的拥挤和喧闹的意愿。在某种意义上，这个时期的手袋已成为文化地位和身份的象征。此外，新的材料和设计不断推出，打破了人们"投资买一个好包"的传统观念。

（6）20 世纪 90 年代后的各品牌手袋

进入 20 世纪 90 年代，前卫似乎成了时髦的代名词，手袋也无一例外地受到这股快速变化的潮流之风的影响，呈现多变的模样。尼龙、塑料、拉链、高级纽扣、轻质织物等一系列新材料的出现，使人们已经可以制作在日常生活中使用的耐用手包，它们或大或小，或精致或实用，给女性在选择手袋时添加了很大的灵活性。

A. 路易·威登（Louis Vuitton，LV）

1854 年，路易·威登先生革命性地设计了第一个 Louis Vuitton 平顶皮衣箱，并于巴黎开了第一间 LV 店铺，创造了 LV 图案的第一代。此后，以大写字母 LV 组合的图案就一直是 LV 皮具的象征符号，至今历久不衰。但 LV 的设计很快便被抄袭，此后，平顶方形衣箱随之成为潮流。从早期的 LV 衣箱到如今每年巴黎 T 台上不断变幻的 LV 时装秀，LV 一直屹立于国际时尚行业的顶端地位，其真正原因在于 LV 有着自己特殊的品牌"DNA"。近些年，LV 经过不断改造，已成为全球广大女性的摩登必备利器。（图 4-11~图 4-14）

B. 古驰（Gucci）

古驰（Gucci）是意大利殿堂级时尚品牌。Gucci 是意大利语，标准中文名为"古驰"，曾用"古琦"做中文名，也有译为"古奇""古姿"。古驰集团是全球最著名的奢侈品集团，其总部位于意大利佛罗伦萨，经营高级男女时装、香水、包包皮具、鞋履、手表、家居饰品、宠物用品等昂贵的奢侈品。古驰品牌作为古驰集团最享

图 4-11

图 4-12

图 4-13

图 4-14

有盛名的时装品牌,以高档、豪华、性感而闻名于世,成为富有的上流社会的消费宠儿。时装界堪与 LVMH 集团一争高下的国际奢侈品集团,可以说只有古驰集团。

古驰众多经典杰作的灵感来源都和传统的马术世界有关,Jackie 手袋也不例外。第一款 Jackie 手袋于 20 世纪 50 年代末面世,灵感源于马的鼻罩。古驰第一款 Jackie 手袋拥有浑圆的轮廓、四角的皮革包边以及别致的推入式锁扣装饰,这让这款包拥有十分年轻化的样貌,其紧紧贴合臂弯的形状与合理的肩带长度也让使用者在肩背时探入取物十分方便。原美国第一夫人杰奎琳·欧纳西斯(Jacqueline Onassis)由衷喜爱这款包的设计,整个 20 世纪六七十年代,她挽着不同质地的 Jackie 手袋到处游走的画面,被捕捉成经典的黑白照片,至今还被各媒体不断登载,也因此,古驰在 1996 年重新推出这一经典包款时赋予了它当前这个非常响亮的名字——Jackie O'bag。

Bamboo Bag 的出现可追溯到 20 世纪 40 年代"二战"刚刚结束的时候。当时整个欧洲都处于物资匮乏时期，这种情况自然也波及了奢侈品行业，除了购买力，最主要的还是原材料采购。1947 年，古驰家族第二代传人 Aldo Gucci 先生从伦敦带回一款竹子材质手袋，启发了他创作一款既能节省皮料，又充满异域风情手袋的灵感，而古驰最经典的一款手袋——Bamboo Bag 从此诞生。既然能成为经典，那就少不了某个时代的明星、名媛的加持，而最早让世人熟悉 Bamboo Bag 的，当属著名影星英格丽·褒曼（Ingrid Bergman）。（图4-15）

图 4-15

C. 迪奥（Dior）

迪奥以其创始人克里斯汀·迪奥（Christian Dior）先生的名字命名，自 1947 年创始以来，就一直是华贵与高雅的代名词。不论是时装、化妆品或是其他产品，迪奥在时尚殿堂一直雄踞顶端。它继承了法国高级女装的传统，做工精细，代表着上流社会成熟女性的审美品位，象征着法国时装文化的最高精神。

迪奥诞生以来，创作了不计其数的设计作品，让世人为之惊艳赞叹，而其中又有数件堪称是迪奥经典之作，Lady Dior 就是迪奥包包最为著名的系列之一。1995 年，它因为与戴安娜王妃的相知相惜而蜚声国际。如今美人已去，Lady Dior 用它精湛的工艺和典雅的外观，继续传承着"公主"的神秘气质和高贵梦想。（图 4-16、图 4-17）

D. 香奈儿（Chanel）

金色链带、菱格纹元素是香奈儿手袋的经典元素，早已享誉全球，并深得女性宠爱。它是女人们配饰品中的明星之选，完美融合了视觉魅力和实用性以及创新和传统，已成为精品的象征。1955 年 2 月，CoCo Chanel 女士推出了一款配有金属链条的双层翻盖可闭合方形包，它成了人们所熟知的 Chanel 2.55。自 1983 年卡尔·拉格菲尔德接手 Chanel 品牌以来，Chanel 2.55 手袋的灵魂被不断地添加新元素，其重新演绎后得以历久弥新。

图 4-16

图 4-17

香奈儿另一款经典包包,几乎没有人不知道——Chanel Classic Flap。它和 Chanel 2.55 非常像,这款包的名字里有个 Classic,自然被翻译成经典款。但事实上这是 1983 年卡尔·拉格菲尔德接手香奈儿后对 1955 年 CoCo 小姐的设计稍做改动而重新演绎的产品。有些人所说的"经典款"就是特指这种带双 C 锁和皮革穿插链条的翻盖包。这款包也被认为是 Chanel 2.55 的姐妹款。(图 4-18)

图 4-18

E. 普拉达(Prada)

普拉达是意大利最著名的奢侈品品牌,每年两季的米兰国际时装周上最令人期待的就是普拉达的秀场。普拉达风靡全球,但是很少人知道,它的历史起源于 1913 年,而且是以制造高级皮革制品起家的。(图 4-19)

图 4-19

F. 爱马仕（Hermès）

爱马仕是世界著名的奢侈品品牌，1837年由Thierry Hermès创立于法国巴黎，早年以制造高级马具起家，迄今已有180多年的历史。其代表产品凯莉包的设计灵感源于1892年出现的一款安装马鞍的皮包。1935年，爱马仕上市了35厘米规格的手提包，1956年，因摩纳哥王妃葛丽丝·凯莉喜爱使用，爱马仕总裁Robert Dumas正式将其更名为凯莉包。该款式包括25、28、32、35厘米，以及迷你尺寸等规格，材质多达33种，有209种以上的颜色。因为造型与细节的独特，而成为其他商品的灵感来源，如凯莉手表、首饰、女装等。

爱马仕Constance的第一次露面是在1959年，在它售出的首个当日，包包设计师刚好喜得一子，于是他便用自己孩子的名字给这个包包命名为Constance。Constance设计简约经典，没有多余的细节或装饰，使用上等的材质和标志性的品牌logo，可以搭配任何服饰，实用性很高。这个系列其实有两个款：一个较为方形的款式，分常规尺寸（即Constance 18）和迷你版（即Constance 14）；另一个是加长一些的款式（即Constance 23），可以放得下长款钱夹，实用性更强。材质方面，Constance和爱马仕所有的手袋一样，除常规的牛羊皮外，还用到各种稀有皮质，只是稀有皮质的Constance比较少见。

铂金包。法国的女歌星Jane Birkin有一次坐飞机向爱马仕第五任总裁Jean Louis Dumas抱怨现在都找不到做工精良又实用的大提包，于是爱马仕的总裁就为她专门设计了一款手袋，并以她的名字来命名，这就是铂金包。把凯莉包放大加深，去除覆盖的结构后，便成为可以当作旅行登机或公事包使用的铂金包。铂金包形式较凯莉包更为休闲、洒脱，材质与色彩的选择性也比凯莉包更大。爱马仕是一家忠于传统手工艺、不断追求创新的国际化企业，它一直秉承着超凡卓越、极至绚烂的设计理念，造就了极至优雅的传统典范。

手袋随着时代和服饰的变更而发展着，每一个时期虽风格不同、形状各异，但不变的始终是包包给予女性的满足和欢愉。收藏手袋更多的是收藏了一份经典，它做工精致、选材珍稀、遗世而独立，让我们感受到前所未有的独立和自由，带领我们不畏过去、不惧未来地向前方奔去。（图4-20）

图4-20

（三）包的功能分类

包袋是一种实用性和装饰性都很强的随身用品，种类繁多。

按使用对象：可分为女用包、男用包；

按不同质料：可分为皮革包、布料包、塑料包、草编包等；

按不同用途：可分日用包、学生包、工作包、工具包、文件包、旅行包等；

按携带方式：可分为背包、挎包、提包、拎包、拖包等。

1. 日常生活用包

休闲类包袋是与休闲装的穿用相配合的，刻意追求一种自然洒脱的风格。色彩变化丰富，材料的应用范围非常大，既可应用高档的皮革也可应用人造、合成革及纺织纤维、植物纤维等材料。结构上多选用半硬或软体造型，以充分体现随意、自然的风格。

（1）背包

背包，是人们日常生活工作中较重要的用品。在不同的场合需要使用不同类型的背包。旅行时，需要旅行包，容量大；工作时，需要商务包，黑色或者咖啡色的真皮商务包会使人显得更加稳重；平时休闲用的包会更加随性一点，主要追求时尚感。（图4-21）

图4-21

（2）手提包

手提包造型多变，有扇形、圆形、三角形、梯形等，线条非常柔和流畅，一般在其袋口部位加设手提部件。（图4-22）

图 4-22

（3）化妆包

化妆包常用花边、缎带、珠子等作装饰，有的在里面装一个小镜片。这类小包袋造型比较简单，依化妆品的形状而定，常附加花边、压条装饰，或用通体彩色印花设计，秀丽可爱。（图4-23）

图 4-23

图 4-24

图 4-25

（4）购物包

多为日常生活、外出时携带。一般用皮革或牛津布等材料制作。（图 4-24）

（5）休闲包

休闲包是一种休闲味儿很浓的包型，一般在郊游、休闲时携带。多用各种色布、花布、细帆布、斜纹布、麻、皮等轻型面料制作。（图 4-25）

（6）腰包

腰包一般固定在腰间，由此而得名。腰包体积不大，常用皮革、合成纤维、印花牛仔面料等材料制作，外出旅游和日常生活中均可使用。（图 4-26）

2. 时装包

时装包是专为时装而设计的，流行性和时效性极强，在造型和材料的应用上强调新潮和时髦，有时就因为材料的缘故而流行，一部分时装包的造型与材料选用和时装的风格一致。

（1）托特包

托特包源于英文 Tote 的音译，Tote 原本是一个动词，意思是用手拿比较重的东西。后来 Tote 演变为名词，其中一个意思就是手提包，一般指可以承载较大容量、两侧有平行手柄的开口手提袋。托特包最出名的代表自然就是 LV 的 Neverfull 包，Neverfull 意思是永远装不满，简直就是完美诠释了托特包为何物。（图 4-27）

图 4-26

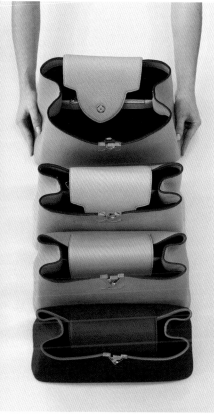

图 4-27

（2）贝壳包

贝壳包，顾名思义，其实就是包包的开口处一般有拉链紧紧贴合，整个包包的外形看起来就像一个贝壳一样简洁、圆润、优雅，百搭就是贝壳包最突出的优点。（图 4-28）

图 4-28

（3）水桶包

水桶包，显而易见，就是外形似水桶的包包。世界上第一个水桶包是 1932 年 LV 推出的 Noe 系列，此后，水桶包逐渐出现在大众的视野中。随着各大品牌的演绎，水桶包的外形在酷似水桶的基础上有了更多的设计。较为普遍的是抽绳封口和敞口设计，除此之外，铆钉、毛绒、拼接、草编等元素的加入也使水桶包爱好者们有了更多的选择。以前的水桶包都是软软的皮料，现在已经发展到出现看起来更像水桶的包包了。比如 Staud 的 2018 春夏系列已经完全是固定版型的水桶了。（图 4-29）

图 4-29

（4）流浪包

流浪包英文名叫 Gabrielle，源于 Gabrielle Bonheur Chanel 女士的名字。流浪包初次亮相于香奈儿的 2017 春夏系列，由老佛爷亲自操刀设计，灵感来自欧洲绅士们骑马时用的望远镜套，还有代表高科技的 AR 智能眼镜造型，结合香奈儿经典的菱格纹，经典又俏皮。（图 4-30）

图 4-30

（5）酒神包

酒神包大概是古驰最具标志性的包款之一了，包包正面的拱形双虎头搭扣就是它的特征之一。酒神包之所以叫酒神包，是由于这个包款的设计灵感源于古希腊神话中酒神的相关篇节。古驰也是借由酒神包表达出重生的信念。

（6）邮差包

邮差包，又名信使包，顾名思义，就是邮递员投送报纸、信件时候挎的包，和邮差背的包类似的包统称邮差包。邮差包的发源地可以追溯到美国当地，随着邮差使用的交通工具的改进，邮差包亦改良不少。各大品牌都有推出不同款式的邮差包。（图4-31）

图 4-31

（7）迪奥马鞍包

马鞍包听起来很容易就能联想到马鞍，其诞生就是源于与马鞍配套收纳，经过数百年的发展，也演变成了现在我们看到的这种半圆形的小挎包。马鞍包必备的元素有三个：翻盖、圆弧式侧围（现在也有方中带圆或者半圆的）、长肩带、没有手提部件。马鞍形状的包身和包盖都已成为迪奥具有 logo 意味的象征，最重要的是马鞍包所追求的独立、坚韧、不羁的气质与迪奥一贯推崇的开拓冒险精神不谋而合，这才是迪奥马鞍包让许多人疯狂的真正缘由。（图4-32）

图 4-32

3. 宴会包

造型多变，有扇形、圆形、三角形、梯形等，线条柔和流畅，一般在其袋口部位加设手提部件。宴会、晚装包造型的装饰性大于实用性，一般为女士出席正式的社交场合时携带，如晚宴、酒会等。这种类型的包薄且小巧，表面用人造珠、金属片、刺绣图案、花边、金属丝等装饰。（图4-33）

图 4-33

4. 钱包

钱包是用来装零钱、名片、信用卡等物品的小包,内有夹层,通常用皮革制成,可拿在手上、放在衣裤袋或随身携带的包内。此外,还有一种扣在手腕上的小皮包,用以存放钞票、钥匙等小物件,人称"腕包",多为女性使用。包袋的款式有立、圆、方、扁等形状,分硬壳和软体两种,关启有拉锁式、编口抽袋式、盖式、卡口式等,造型各异,色彩图案也各有不同。(图4-34)

图 4-34

5. 职场用包

职业类包袋为上班族使用,一般与职业装相搭配,造型风格简洁、干练、端庄、稳重,表面装饰较少但精致,其包体功能设置根据具体职业特点的不同而异,总体形态大方、沉稳、端庄,装饰造型与它的应用成为一体。

(1)女士职场包

整体造型端庄典雅,简练利落,外观风格秀丽、柔美。它的外形一般为长方形或梯形,提带可长可短,多根据流行趋势来设计,可以用一些装饰,但不宜过多地使用人造花、缎、花结、珠子等装饰物。(图 4-35)

图 4-35

(2)男士商务包

男士商务包略显严肃方正。造型设计应注意运用简约、明快的线条来衬托出其休闲时尚感。大方、实用的款式才可以自由搭配正装和休闲装。商务公事包,包体造型简洁大方,表面无多余装饰,内层较多,可分类存放文件。有手提式、挎肩式和夹带式三种,手提式有把手,造型较多,夹带式无把手。公事包更多适合在正式的场合使用,一般用皮革制作,多为黑色等深色系列。(图 4-36)

图 4-36

6. 旅行包

旅行包是为人们外出旅游所设计的包型,是一种体现青春、健康向上风貌的产品。这种包体积较大,常用厚型面料制作,特点是结实耐磨。

(1)旅行背提包

旅行包的造型,主要考虑旅行的特点,容积尺寸略大,色彩搭配和谐统一、鲜亮,或采用一些色彩对比强烈的印花图案作为装饰,也可以用背带、提带或拉锁来进行装饰或配色。(图4-37)

图 4-37

(2)登山包

登山包属于专业包袋,设计时需要考虑人体生理机能数据和人体活动尺寸,尤其是脊柱弯曲与运动和负重之间的关系。

7. 学生包

学生包是指专门为学生盛装书本与学习用具的包袋。在造型上,由过去的单肩挎包式样变成如今的双肩背包,廓型更加人性化。学生包的特点是色彩鲜艳醒目,常用防水牛津布制作,很多学生包上都印有卡通人物或动物等装饰图案,符合儿童心理选择。小学生用包多为长方形、方形或方带圆形,以拉链作为开关方式。在正面和侧面加设圆形或方形的立体小贴袋,使各类用具能分开放置,这种造型不仅能增加包体层次感,更为儿童的自我管理提供方便。(图4-38)

图 4-38

(四)包的搭配艺术

首先，思考一下自己是否该拥有一个可以使用一辈子的高级皮包，外加几个跟随流行的、展现个性的时髦手袋，当一个优雅而知性的现代女性。其次，想想自己在购买手袋时是否有过面对众多款式而无从选择，或者不知如何搭配服装及场合而无法下决定购买的窘境。因此，请好好地检视一下衣柜里的皮包，让自己在各种场合都能搭配得宜。

1. 依据场合搭配

(1)休闲旅游型

这类包包在设计上比较随意，以斜挎、背包、单肩款式为主，最适合外出逛街、郊游使用，可以快乐轻松地度过属于自己的时光，此时选用的手袋亦可展现个性。这类包包体积一般比较大，有充足的容量而且面料采用结实的帆布或革。需要注意的是，应配合自身的需要及天数的多寡，不论是手提旅行袋或是手提肩背两用式，都以能放置大量物品为主。这类包包非常适合DIY，可在包包上装饰徽章、挂件，在颜色的选择上可以尽量挑选深色，比较耐脏，适合休闲活动使用。(图4-39)

(2)商务型

因工作的需要而携带许多东西，是一般商务人士最常碰到的情况。有些粗枝大叶的商务人士因为携带许多东西而显得不够优雅专业，而把皮包塞到爆满，是很难看的，从礼仪上来看更是失礼的。不只工作如此，其他正式

图4-39

100

场合中亦是如此。如果你希望给人聪颖且知性的印象，最好是携带两个皮包。例如可以把文件放在较薄的公文包内，而将化妆包等杂物放于另一个皮包中。注意要用同色系或是同材质以达到一致感，展现出整体美感。值得注意的是，公文包的选购以黑色、咖啡色、白单色系或格纹作为参考。白领工作时需要穿着正装，因此可选择在细节上有鲜明风格且材质较好的包包，因为公文包是职场人士的必备用品，使用时时间较长。（图4-40）

图 4-40

（3）宴会型

此类包可视为一种繁复华丽的装饰品，让整场宴会的气氛都热闹起来。金边、珠串、刺绣、漆皮、缎面、小牛皮等豪华感皮包都是可取的。现在的淑女们有越来越多的机会参加各式各样的Party，告诉你们一个秘诀，事实上宴会包不需选择太贵的，但是必须具备各种材质及颜色。而一般随着服装的改变，皮包也要跟着改变，才不会给人一成不变的感觉。（图4-41）

图 4-41

2. 依据身型特点搭配

根据身高、手型选择包的大小、体量。如果身高较高，手型很美，可以选择颜色出挑的包类，包上的装饰物可以夸张夺目。如果身高不高，手型不美，建议包的色彩要完全融合服饰色彩。身高决定包的体量大小，身材的曲直决定包的形状。无论流行与否，无论昂贵还是便宜，无论喜欢还是不喜欢，关键在于适合不适合。（图4-42）

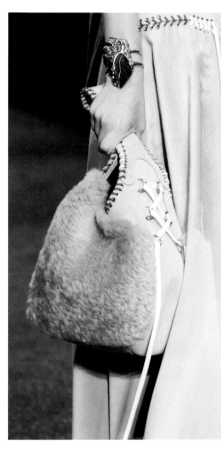

图 4-42

3. 依据季节搭配

根据季节的变幻和服饰色彩的变化来选择颜色相配的包,得到统一、协调的美感。在冬季可以选配带有毛线或毛皮的包包,体现温暖华贵的气息;夏季选配透明面料、草、竹等材料制成的包包,感觉清凉又时尚。(图4-43)

图4-43

(五)包的收藏与保养艺术

一般而言,除了做好保养之外,在你要把包放进衣柜或是架子上时,最好先用报纸或是其他纸类折叠成皮包状大小塞包里,这样不仅可以防潮,更可以使皮包不变形。外层可以用棉纸或棉套包起,这样才算里外都保养到了。而皮包当然是放在架子上最好,不过要是空间不够或是衣橱不够大,可以选择把它们收藏在物美价廉的塑料整理箱内。在每日的搭配上,为了节省时间,可以先按日、夜用,再按颜色来区分皮包,并做一些标志。这样不论你何时出门,都可以及时选出自己所需要的包。

第二节 包的设计篇

(一)包的设计

1. 包的造型设计

自从人类感知和利用形状以来,形状被赋予功能性,客观存在的外轮廓和内空间是其造型表现主体。功能性又成全了形状的不断变化,几乎同时,形状的形式情感也随之产生了。人们对形状的形式情感总是在几何形与自由形、人工造型、自然形状之间协调平衡,导致自由形与几何形结合,抽象造型与具象造型结合,几何装饰与拟形装饰结合。例如在几何体的框架结构中穿插自由的植物图案装饰纹样,既有活泼的情感化的生命具象再现,又有规则的理智化的几何抽象表现,形状的形式情感取得了和谐统一。

包的造型属于整体服装造型与搭配的一部分,尽管其装饰种类纷繁、变幻无穷,但仍只是为了辅助、烘托主体而存在,应该与服装的流行趋势相一致。其造型风格可以从多个角度、不同方面来区分:传统风格与现代风格、中式风格与西式风格以及民族风格等。

(1)基本造型

艺术造型的基本线条形式有四种:直线、曲线、间断的线、粗细变化的线。

图 4-44

A. 规则几何形状：三角形、正方形、长方形、梯形、平行四边形、菱形、多边形、三角体、正方体、长方体、圆柱体、圆锥体、菱形体等，都由直线构成，方向一定，较为简单明确。（图 4-44）

B. 自由形状：表现为无定形、非规则、复杂多样，一切生物形状都是自由形状，呈流畅的曲线波状形态，非规则但有秩序，多样而又统一，具有生命力。波状曲线是所有线条中最具吸引力、最惬意、最优美、最富魔力的线条，具有运动感、节奏感，生动活泼，可表现流动起伏的、灵活的物体，具有圆满、完整、充实之感。（图 4-45）

C. 圆形：是所有图形中最简明的形状，以其活泼流畅的特征使视知觉愉悦。它富于变化，柔和圆润，流畅舒展，富有弹性，有螺旋形、旋涡形、楔形、弯钩形、拱形、半月形、心形等。圆形与外界任何其他形状之间无任何的平行、重复和重合，所以突出醒目、独立鲜明。圆形、圆球既抽象又具体，既开朗坦白又含蓄蕴藉，既封闭严实又通透空灵，形状优美，意味玄妙。（图 4-46）

图 4-45

图 4-46

D. 卵形和椭圆形：是圆形的变体，具有光洁圆润的特点，与手握的卵壳形相符，柔和适手。椭圆形既稳定又富于变化，既多样又统一，既规则又自由，既复杂又简练。（图4-47）

图4-47

（2）造型设计的思维方法

包的造型艺术是通过形状、色彩、空间、材质这些造型媒介来表现的。包的造型设计可运用多向性思维方式思考，这种多向性思维方式不拘泥于某一个方向和模式，而是从各个角度去思考设计内容，如正向思维、反向思维、横向思维和纵向思维等形式。时代的发展不断地给造型设计提出新的要求，人们生活品位的提高不断地向设计师提出新的挑战。

A. 仿生设计法：仿生设计法是设计师通过感受大自然中的动物、植物的优美形态，运用概括和典型化的手法，对这些形态进行升华和艺术性加工，再结合手袋的结构特点进行创造性的设计。（图4-48）

图4-48

B. 形体变化设计法：在手袋设计当中，初学者最常用到的是形体变化设计法，即对包体和部件做出形状、线条、结构、比例等变化。要学会掌握形体变化设计方法在手袋设计中的应用规律，如手袋的加减设计法是对手袋上必要或不必要的部分进行增加或删减，使其复杂化或简单化。（图 4-49）

图 4-49

C. 系列设计法：是设计师对手袋某种或某些设计要素运用发散思维进行系列变形，拓展造型、色彩、物料等设计要素的表现形式，从而产生同一主题的多种款式的设计手法。在应用系列化思维时，要选择能突出手袋个性的设计规律进行设计，同时要能体现系列手袋"个性之中包含共性、变化之中包含统一、对比之中包含协调"的思想。（图 4-50）

图 4-50

图 4-51

2. 包的平面变化设计

指对包的某一体面中存在的形状进行设计。

（1）外贴袋造型设计：能为单调的包的造型外观添加丰富的变化。

（2）平面造型装饰：通过抽纱、丝网印刷、手绘、蜡染、扎染、拼接等形式来表现。用抽纱工艺进行美化装饰，能提升包的档次，使其具有高雅、秀丽、精美、华贵的艺术品位。（图 4-51）

(3)辑线方式装饰:是一种行之有效的方法,线可粗可细,可素可彩,可单可双,可依结构辑线,也可自由辑线,均能获得理想的装饰效果。(图4-52)

图 4-52

(4)平面形向立体形的转化设计:可以通过肌理塑形来表现。例如平面软材料,通过定点抽拉线带,即可塑成立体造型的包袋形式。(图4-53)

图 4-53

图 4-54

3. 立体装饰设计

立体装饰可通过编结、褶皱、压印、支撑、镶嵌、悬缀饰物等手法来表现。编结是将面料裁成条带状或片状进行编织、结穗或塑形。局部装饰，如编织包带、包面边缘的流苏、包口处的花结等；对整个包体进行编织，效果强烈又整齐，具有一种质朴、粗犷的美感。有悬缀饰物的包袋易给人以轻松、活泼的感觉，适合于年轻消费层。悬缀物种类很多，形状一般较小，如各种人物、动物、花头的装饰造型，绒线球、结饰、珠宝玉石挂件等。（图 4-54）

4. 包的色彩设计

包的色彩构思，是设计者在设计前的思考和酝酿过程，是一种融形象思维和逻辑思维为一体的创造性思维活动。这种创造性思维具有独立性、连续性、多面性、跨越性及综合性等特征。

（1）包的色彩设计的构思方法：以色为主，以型衬托，主要用于强调色彩配置、色彩特性，表达设计师对流行色彩的把握和运用。

以型为主，以色补充，主要用于强调箱包款式。以型为主的包的设计要求设计师从造型和色彩两方面综合考虑，确定设计意图，突出包的整体美。（图 4-55）

图 4-55

（2）包的色彩设计的灵感启发：设计灵感是创作过程的一种特殊心理状态，具有偶发性、突出性和短暂性三个特征。包的色彩设计通常离不开灵感启示，任何事物、现象都可能成为包的色彩设计的灵感源泉。

A. 产品使用对象的启发：由于产品使用对象存在着生理、心理以及所处的消费阶层、文化素养等方面的不同，必然使设计的构思产生与其个性相适应的配色计划。可针对某一消费者或消费群体进行色彩思考和选择，使包的色彩与使用者的心理、生理和谐统一。（图 4-56）

图 4-56

B. 色彩社会信息的启发：色彩的社会信息及流行色，是一种社会中的色彩消费现象。流行色往往表现为一定时期内出现一种或多种为某一集团阶层多数人接受和使用的色彩。色彩社会信息的传播渠道有网络、报刊、会展、商业活动等。通过色彩的社会信息，可以分析和了解人们的色彩、消费意识及审美需求，由此得到符合市场消费需求的流行色彩。（图4-57）

图4-57

C. 自然色彩的启发：设计师可以通过细致观察、用心体会自然界丰富美妙的色彩来启发构思。探索各种自然景物的色彩现象与变化规律，吸取大自然中色彩美的形式，积累色彩的形象资料，通过联想，概括和归纳出比较理想的色彩形象，并巧妙将其运用于包的色彩设计中。（图4-58）

图4-58

D. 姊妹艺术的启发：学习和借鉴音乐、绘画、建筑、影视、文学等艺术形式的色彩及表现形式，从中西方不同的艺术风格流派中广泛吸收色彩营养，寻找配色美的规律。如由激昂的乐曲联想到鲜明的色调，由忧郁的乐曲联想到阴暗的色调，由文学词汇联想到相应的色彩意境和情调，启发、诱导包的色彩设计与构思。（图 4-59）

图 4-59

E. 民族文化的启发：各民族之间由于其所处的地理位置、自然环境、生活方式、宗教信仰、风俗习惯等方面的差异，形成了不同的民族文化。可以借助一个民族的绘画、音乐、用具、宗教、服饰等诸多具有本民族特色的素材，进行独到的创意设计。（图 4-60）

图 4-60

(二)手绘包设计作品

图 4-61 作品的设计重点在于系列变化设计。桶形,是设计者表达的主要元素,在此基础上作者展开深度设计,创作了一系列包款。图 4-62 的设计重点在色彩及装饰上,作者对包上的装饰元素进行了探讨。

图 4-61

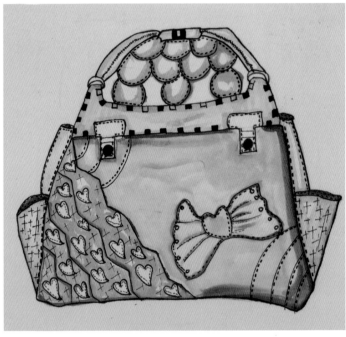

图 4-62

第三节　包的制作篇

(一)包的皮质工艺

1. 法式皮具

现在所说的法式皮具实际指现代精工法式,法式精工皮具发展到今天能被大众所熟知,几乎是爱马仕品牌独力撑起了这个概念。法式皮具与其他风格的手工皮具不同,它并非是带有强烈文化特征的流派。实际上,它是一套严格的数据与规范,包括随着部件的形状进行削薄,在一定的距离内必须保证一定的针数,必须让软质包具的表面具有一定的弹性,包的重量(即选料厚度)必须达到一定值以上,斩孔的大小(必须加工斩齿)必须在一定值以下……满足了这些数据,才是真正的法式皮具。皮料、线材的优质也都是必要的。要想成为法式皮具的制作者,需要长期的练习和制作,这个过程是无法快速达成的。就像爱马仕的工匠,没有几年的磨炼,很难做好一个包袋。(图 4-63)

图 4-63

2. 英式皮具

英式皮具的起源较早，在各种皮具流派中，英式皮具大概是保留古老设计要素最多的流派了。在今天的复古皮具中，有一大半都是采用的英式设计或近似英式设计。在商务皮具中，英式皮具的应用则更为广泛。最早的英式皮具大都是公文包，多为军队将领和官方信使、法官、金融人士使用，特点十分明显，皮料厚重，安全性高，五金上大量使用锁具和扣件。这些特点被一路保持下来，至今没有太大的变化。现在常见的邮差包就是英式公文包的简化版，通常为学生使用。由于英式皮具制作困难，造价昂贵，目前多为手工定制，所以市面上并不常见，是高端包具的首选风格。（图4-64）

图 4-64

3. 日式皮具

现代的日式皮具好像和美式皮具渊源很深，"二战"后，美军进驻日本，带来了美式皮具及皮雕工艺，日本的传统工艺受到了很大的冲击。战后的日式皮具分为素面和雕面两个方向。日本的素面皮具复刻了大量的欧美经典款式，基本将有名的欧美款式复刻了一个遍，并普遍加以日本化的修改，更方、更重、更结实。但是日式皮具与欧洲各流派有个根本的不同，即拉锁的使用，虽提高了其实用性，但也降低了其寿命。日式皮具的另一个特点是口袋多，大包上往往会放上一堆附加口袋。在素面皮具之外，日式皮雕也有着独特的特点。不同于美式皮雕，日式皮雕的图案较少，基本上局限在植物唐草上，并且十分排斥使用其他题材。（图4-65）

115

图 4-65

图 4-66

4. 意式皮具

在今天，意式皮具差不多是优质皮具的代名词，而且意大利也是有能力出品优质皮料的少数产地之一。意大利皮具分为截然不同的两种风格，第一种是古典风，起源极早，从古罗马时代就开始了；第二种是现代意式，与古典意式不同的是，其减少了昂贵的宝石装饰，不过到了 20 世纪 60 年代后，古典设计又涉足了现代皮具领域。虽然英法的皮具质量实际上超出意大利皮具的质量，但因为坚持手作，产量有限，大市场方向上逐渐被意式皮具占据，比如古驰、菲拉格慕等皮具品牌。（图 4-66）

5. 美式皮具

美式皮具较为耐用，一般用个十年八年不是问题。

美式皮雕在美国主要制作马鞍和装具，其早期代表作品大多都是马鞍或者马靴作品，进入现代后逐渐扩展到包具；另外一个就是素面皮具制品，最具代表的就是美式旅行包，其中最著名的款式是格力普包。从格力普包开始，美式皮具后来的款式发展都遵循着少装饰、容量大、耐折腾这条路线，其颜色也多半保持着早期印第安植鞣皮料的棕黄色。（图 4-67）

（二）包袋的制作

1. 包的材料及五金配件（图 4-68）

包袋的材料由面料、辅料与五金配件组成。高档包的面料通常选用真皮质面料或质地细密的材质，实用的包型多选用 PU 或帆布等材质。

包袋的五金配件有铆钉、铝条、链条、钢圈、纽扣、方环、四合扣、蘑菇钉、中空钉、钢丝圈、背包架、三角环、五角环、三节铆钉、箱包手把、狗扣、拉牌、标牌等，有时为了款式的需要还需要皮带扣、皮带针扣、合金皮带扣、皮带对扣、皮带插扣等五金。在包的设计中，五金的质量及设计感是体现包品位的重要因素。

图 4-67

图 4-68

2. 趋势及信息搜集

对流行的色彩、物料和五金配件的搜集，其重点是通过用流行要素来体现包的流行感。（图4-69）

3. 制作流程

以钱包为例。（图4-70、图4-71）

试版：首先，根据纸格开料制作袋壳；其次，根据袋壳及面料特性、工艺处理方法调整纸格；再次，分割纸格，配齐面、里、衬、配料、净板和各零部件样板打好纱向，编写纸格用料，裁剪正反片数量；最后，编写纸格资料交样板制作。

制作：制作前与样衣师一起查看面料特性，如定位条格、定位花、毛向、面料纹理等，按要求裁剪前与样衣师沟通；制作样包前有需要粘衬或缝合处需缩进的部位，与样衣师进一步沟通；半成品检查。特殊部位和有特殊工艺处理的部位与设计师和工艺师共同研究查看，以调整到最佳效果；查看成品工艺、款式效果和尺寸。

图 4-69

117

图 4-70

图 4-71

第五章　帽子的设计

导读：

人类对帽子的迷恋可追溯到数千年前。表面看，帽子不过是件装饰品，但许多时候它远非一套时尚服装的延伸。除了加强时髦装束的总体效果外，帽子还能充当地位的标志，在严寒的气候中御寒，甚至可储藏私人物品。（图5）

图5

第一节　帽子的文化篇

(一)帽子的概念

帽子，一种戴在头部的服饰，多数可以覆盖头的整个顶部。帽子主要用于保护头部，部分帽子会有较宽的边缘，可以遮挡阳光。帽子有遮阳、装饰、增温和防护等作用，因此种类很多，选择也有很多讲究。

(二)帽子的发展历程

1. 19世纪至20世纪初期

此时男性戴的帽子是身份的象征：越硬的帽子，戴者的社会阶层越高，劳工阶层都戴布料柔软的无边帽。女性的帽子也曾一度具有重要的意义，大多数上流社会的夫人、寡妇和未婚小姐至少会拥有两顶象征性的帽子，除了未婚女孩外，其他人都会戴上一顶由薄棉或生丝制造的饰有花边或丝带的室内帽，这是她们重要的日常服饰之一。女帽样式的发展，在20世纪早期颇为迅速。从电影中宽得不能再宽的式样到卷起的头巾式无檐帽，花卉、标本鸟、水果篮……第一次世界大战前的帽子上什么都可以堆，帽子朝高空发展，而不是横向。(图5-1)

图5-1

2. 20世纪20年代

1917年出现了钟形帽，一直主宰到20世纪20年代，不过宽檐的软边帽、无边帽、贝雷帽、硬顶草帽也同样受到欢迎。此时，单调的羊毛帽是另一种实用型帽子，一般是戴着打高尔夫球、射击等运动用的，也是今天最受欢迎的帽子之一。另外，行为男性化或是擅长运动的女性，也可能戴上男性的实用帽子。天气不好时，人们常常利用头巾来代替帽子，而制作头巾的质料也与社会阶层有关，羊毛是贵族，薄纱是暴发户，真丝属于中上阶层，纯棉是中产阶层，而人造合成布代表劳工阶层。(图5-2)

图5-2

3. 20世纪三四十年代

到了20世纪30年代，超现实主义与帽子纠缠在一起，头巾式女帽、三角帽，甚至做成鞋子形状的帽子，都是当时流行的款式。第二次世界大战使得女帽世界变得贫乏，只有实用的款式却无创意。在1947年，改良的圆锥形苦力帽、平顶硬帽和贝雷帽再度流行，制帽材料有毛毡、人造纤维、法兰绒及各种样式的鲜艳羽毛。（图5-3）

4. 20世纪50年代

20世纪50年代，帽子的帽壳越来越大，直到杰奎琳·肯尼迪使无边平顶小筒形帽重新成为时尚宠儿。爱德华时代带面纱的帽子，也在一股怀旧热潮下风行一时。（图5-4）

图5-3

5. 20世纪六七十年代

20世纪六七十年代，人们对于帽子的重视似乎有重整旗鼓的迹象。西部牛仔帽开始风行于荒野的西部地区，在纽约和伦敦都可以买到，有时候这些帽子只是一种流行。于是当穿者以西部装束呈现，并戴上一顶牛仔帽时，它就是人格和身份的象征。同时人们逐渐接受具有实用性的帽子，特别是男性，他们利用帽子遮盖短发和秃头，使头部在恶劣的气候下免于受伤。（图5-5）

121

这一时期，象征性的帽子开始消失，之前没戴帽子绝不出门的女性，此时只在头上围上一条丝巾或干脆什么也不戴就出门了。如今，象征性的帽子已销声匿迹，且再也不具实际功能。一度流行的费多拉帽，如经过暴风雨之后就必须重新造型；

图5-4

图5-5

迪奥新风貌(New Look)的大轮形帽,被风一吹就掉;而具有象征性面纱的杰奎琳·肯尼迪圆盒帽,一点儿用处也没有。很有趣的现象是,传统帽子的消失,也简化了严肃的正式礼仪,在服装和礼仪上,人们已经放弃其所象征的礼节。绅士也不再向淑女举帽致意,因为他们没帽子可打招呼了。(图5-6)

6. 21世纪

各个时代的帽子文化一直在变动,而现在帽子也变成只有在重要场合或有实际需要时才会佩戴。不过你也可以不管现在对于帽子的文化定义,因为无论你是只喜欢帽子,或是利用帽子来搭配整体的服饰,甚至你觉得戴上它才会有安全感,不管任何理由,你都可以把它从可有可无的附属品摇身变为你日常生活中不可缺少的伙伴。

制帽大师 Stephen Jones 出生于英国柴郡,现生活在伦敦,自1979年从伦敦中央圣马丁学院毕业后,就开始为他才华卓绝的音乐人朋友 Steve Strange 制帽。在20世纪80年代,他的第一场时装秀在伦敦的一座舞池举办,很快他就开始受邀为全球各地的时装秀设计帽饰,足迹遍布纽约、蒙特利尔、赫尔辛基及东京。他成了第一位在巴黎为 Jean Paul Gaultier、Thierry Mugler 及 Comme des Garcons 设计帽饰的英籍制帽师。Jones 不断重塑着人们对帽饰的定义,客户包括时装设计师 Stephen Linard、时装设计师 Ryan Lo、伦敦传奇夜店 Blitz Club、各路高级定制品牌、戴安娜王妃、凯特王妃的妹妹 Pippa Middleton、流行偶像 Boy George、爱情喜剧片女星 Bridget Jones、英国皇家赛马会的设计大师 Alaïa 等。(图5-7)

图 5-6

图 5-7

(三)帽子的分类

帽子的品种繁多：

按用途分，有风雪帽、雨帽、太阳帽、安全帽、防尘帽、睡帽、工作帽、旅游帽、礼帽等；

按使用对象和式样分，有男帽、女帽、童帽、少数民族帽、情侣帽、牛仔帽、水手帽、军帽、警帽等；

按制作材料分，有皮帽、毡帽、毛呢帽、长毛绒帽、绒绒帽、草帽、竹斗笠等；

按款式特点分，有贝雷帽、鸭舌帽、钟形帽、三角尖帽、前进帽、青年帽、披巾帽、无边女帽、龙江帽、京式帽、山西帽、棉耳帽、八角帽、瓜皮帽、虎头帽等。由于帽子的品类繁多，以下选择几种经典款帽子举例讲解。

1. 钟形帽

是一种圆顶狭边或无边的、像倒挂的钟形的女帽，起源于法国。这种女帽顶较高，帽身的形态方中带圆，帽檐窄且自然下垂，戴时一般紧贴头部。由于它柔软易于折叠，使用方便，广泛流行于 20 世纪 20 年代。(图 5-8)

2. 宽边帽

此帽的特点就是帽檐宽大、平坦，在帽座底边镶有一圈彩色绸带，帽檐边缘也有类似丝缎包边装饰，多数高档女式帽形采用此款，特别能体现出女性娇柔、妩媚、淑女般的优雅气质。制作材料方面，多采用高档的萱草编、棕编或麻编，也有用高档毛呢的。(图 5-9)

图 5-8

123

图 5-9

3. 鸭舌帽

鸭舌帽的帽盆较小,帽檐的局部形如鸭舌,可起到防护作用。这种帽子的帽身前倾与帽檐扣在一起,以前常是工人阶级的象征。另外,猎帽、高尔夫球帽均属此帽式。(图 5-10)

图 5-10

4. 贝雷帽

它是一种扁平的无檐呢帽,原为法国与西班牙交界的巴斯克地区居民所戴,一般选用毛料、毡呢等制作,具有柔软精美、潇洒大方的特点。美国特种部队所用的制服帽即为绿色贝雷帽。戴时,需将帽贴近头部,并向一侧倾斜。(图 5-11)

图 5-11

5. 盔形帽

盔形帽是一种能遮盖整个头部、面部，有时包括颈部的保护帽。通常采用金属、塑料等科技材料制作，常作为消防员、运动员、摩托车手等的保护型头盔。（图5-12）

6. 棒球帽

美国棒球队的球员在比赛时多数都是要戴一顶棒球帽，因此很多粉丝也会戴自己喜欢的球队的帽子。棒球帽是目前市场普及率较高的一款帽子，对工艺、材质等要求较低，制作简单，拼接撞色还有辅料搭配灵活，显著标志就是弯帽舌。（图5-13）

7. 斗笠

斗笠是一种帽顶较尖、形似三角形的帽式。帽内有带状支撑物或由竹编制的环形帽座。此帽常采用竹料或天然草编制而成，具有结实耐用、透风性良好的特点，是中国及东亚一带国家常用的帽型。（图5-14）

图 5-12

125

图 5-13

图 5-14

8. 礼帽

原是西方男式用帽，起源于19世纪的法国。这种礼帽的帽檐窄而硬，帽座底边饰有一圈丝织品制成的滚边，常用于正式礼服搭配。（图5-15）

9. 塔盘

源于印度人头上的缠头巾，包裹方式很有民族特色。在中国，有些少数民族也是将裹头巾的方式当成一种帽式，当然，更是地位的象征。近几年的时尚装扮中，用丝巾包裹头部的装扮屡见不鲜。（图5-16）

图 5-15

126

图 5-16

10. 虎头帽

以老虎为形象的虎头帽，是中国民间儿童服饰中比较典型的一种童帽样式。它与虎头鞋、虎围嘴、虎面肚兜等成为儿童服装中重要的组成部分，具有鲜明的特色。这些以虎为形象的儿童服饰寓意深远，深受中国传统虎文化因素的影响。（图5-17）

11. 针织帽

针织帽，是一种普遍用于寒冷天气的适合各年龄段人群佩戴的帽子。帽子用料为毛线，针织而成，故名针织帽。在我国北方寒冷季节，很多人在户外都选择针织帽保暖，但是在其他地区也有用时尚的针织帽作为穿衣配搭的年轻时尚人士。（图5-18）

12. 民族帽

民族帽饰具有浓郁的地方特色，备受国际品牌的青睐，色彩与装饰是其最主要的特征。（图5-19）

图 5-17

图 5-18

127

图 5-19

第二节　帽子的设计及制作篇

(一)帽子的结构

帽子的结构较为简单,大体可分为帽顶、帽身、帽檐、帽口条和毛圈。

(二)帽子的设计

帽子的设计也主要从帽身的设计、帽檐的设计、帽子的
装饰设计及帽子的材料工艺变化设计来考虑。

1. 帽身的设计

在做设计时,可以采用构成所学的知识,将帽身作长短
变化、镂空、反复、减缺、增加层次和折叠感,创作出具有现
代感的帽形。(图 5-20)

图 5-20

2. 帽檐的设计

这是整个帽子最富于变化和创造性的部位,可采用宽窄变化、翻卷、切割、倾斜、镂空、打碎重组的设计
手法来增添设计的趣味性。(图 5-21)

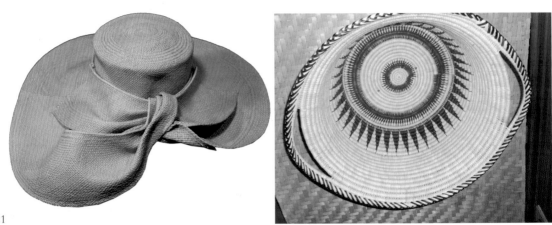

图 5-21

3. 帽子的装饰设计

设计时，可以借鉴大自然生态的形象、古典的形象、抽象的形象，运用手工工艺、各种花饰、多种材质来综合设计。（图5-22）

图 5-22

图 5-23

4. 帽子的设计图

在企业中，帽子的绘图多以电脑绘图为主。电脑绘图具有质感细腻丰富、出款速度快的优点。（图5-23）手绘作品容易突出设计的感觉，风格明显。（图5-24）

129

图 5-24

(三)帽子的尺寸及质量要求

1. 帽子的尺寸

(1)帽子的大小以"号"来表示。帽子的标号部位是帽下口内圈,用皮尺测量帽下口内圈周长,所得数据即为帽号。"号"是以头围尺寸为基础制定的。

(2)帽子的取号方法是用皮尺围量头部(过前额和头后部最凸出部位)一周,皮尺稍能转动,此时的头部周长为头围尺寸。

(3)根据头围尺寸确定帽号。我国帽子的规格从 46 号开始,46~56 号为童帽,55~60 号为成人帽,60 号以上为特大号帽。号间等差为 1 cm,组成系列。

尺寸表

尺寸对照表	头部尺寸	帽子尺寸	
	公制	码数	国际尺码
儿童尺寸(46~56 cm)	46		
	53	6 5/8	XS
	54	6 3/4	S
	55	6 7/8	
成人尺寸(55~60 cm)	56	7	M
	57	7 1/8	
国际标准尺寸(58 cm)	58	7 1/4	
大号尺寸	59	7 3/8	L
	60	7 1/2	
	61	7 5/8	XL
	62	7 3/4	
	63	7 7/8	XXL
	64	8	
	65	8 1/8	XXXL

2. 帽子的质量一般从规格、造型、用料、制作四方面来反映。

(1)规格尺寸应符合标准要求;造型应美观大方,结构合理,各部位对称或协调;用料应符合要求。

(2)单色帽各部位应色泽一致,花色帽各部位应色泽协调;经纬纱无错向、偏斜;面料无明显残疵;皮面毛整齐,无掉毛、虫蛀现象;辅件齐全。

(3)帽檐有一定硬度;帽子各部件位置应符合要求,缝线整齐,与面料配色合理,无开线、松线和连续跳针现象;缲帽口无明显偏头凹腰,缲檐端正,卡住适合。

（4）织帽表面不允许有凹凸不匀、松紧不均、花纹不齐的现象；棉帽内的棉花应铺匀，纳线疏密合适；帽上饰件应端正、协调；绣花花型不走形、不起皱；

（5）熨烫平整、美观，帽里无拧赶现象；帽子整体洁净，无污渍，无折痕，无破损等。（图5-25）

图5-25

（四）帽子的制作工艺与流程

1. 常见的帽子制作工艺

帽子的制作工艺有缝制、毡胎成型、针织、编织、注塑等。

（1）缝制：以缝纫机缝制为主，是帽子的主要制作工艺。其一般工艺过程依次为铺料、划皮、裁剪、缝制、整烫定型、缝缀装饰、成品检验。由于帽的品种不同，整烫定型的方法及工序繁简也不同，如以天然、化纤织物为材料缝制的圆顶帽、前进帽等，缝制后套在盔头上用电熨斗整烫，使帽子的外形服帖，且挺括美观。皮绒帽则是把缝制好的帽里套在盔头上，通过加衬布、棉絮、刷浆、加热等方法，形成平整的帽里胎，再把缝制好的皮帽面套上，通过钉平、加热、烘干，形成帽胎与皮面组合在一起的定型帽顶，再缝上帽耳扇，最后成帽。（图5-26）

图5-26

图 5-27

图 5-28

（2）毡胎成型：主要用于礼帽生产。将羊毛梳理、制胎、漂染，然后根据款式采用相应的盔头进行整烫、压制成型。（图 5-27）

（3）针织：采用针织机织成帽筒、帽片，再进行缝制、整烫等，与缝制工艺基本相同。

（4）编织：主要采用棒针、钩针等手工编织成型。（图 5-28）

（5）注塑：通过注塑机将塑料注入帽模成型，主要用于制作安全帽等。

2. 帽子的制作流程

帽子的制作流程大致可以分为裁剪—缝纫—印刷、刺绣—汉带—整理。

（1）裁剪：按要求选择面料、色卡、刀模，将布料按纸样裁剪成片。根据款式需要，选择软衬，用熨衬机将帽片和软衬附在一起。

（2）缝纫：选择与面料颜色相同的缝纫线缝合各裁片。以正面看不露双针布、不起皱为佳。胶条与帽口边齐平，用缝纫机进行缝合。检查帽头尺寸是否合适。待整顶帽子做完，去掉多余的线头。（图 5-29）

（3）印刷、刺绣：根据款式要求，印刷标可以在印刷流水线上手工印刷，也可以在刺绣车间刺绣。

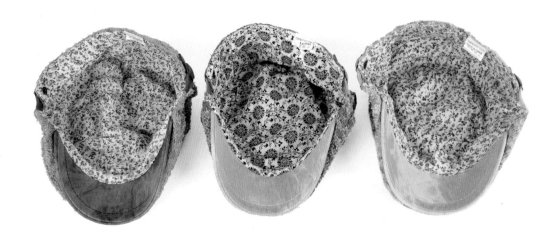

图 5-29

图 5-30

(4)汉带：车汉带根据款式要求选择夹海绵、针扎棉、无防布，不跑露、不跳针。（图 5-30）

(5)整理：根据款式要求，用熨帽机对帽子进行整平熨烫，检查前页、双针、高头线是否挺直，顶扣有无脱落等。

3. 学生帽饰作品（图 5-31）

第三节　帽子的搭配篇

（一）帽子的搭配

比起古代人，我们的确是把帽子这个配件给忽略了。但值得庆贺的是，在愈来愈讲求实用潮流的如今，帽子的服饰地位似乎有了起死回生的迹象，人们在诉求健康观念的同时，帽子给人们带来了多一层的保护作用。而且如果搭配得宜的话，它的确会为整体装扮起到画龙点睛的作用，达到加分的视觉艺术效果。几乎所有的服饰专家都承认，　顶合适的帽了不仅能提升一个人的气质和高尚的格调，同时也能恰当地衬托出一个人的社会地位、经济地位以及风度涵养。春风拂面，一帽在头，飘逸隽秀，为你平添若干风韵；夏日炎炎，帽子为你遮住灼人的阳光；金秋时节，适时令的帽子更能展现你的气质；数九寒冬，帽子更是你不可缺少的必需品。选择一项合适的帽子必须掌握四个技巧。

图 5-31

133

1. 与脸型相配

帽子的形状有较强的直观效果，帽型如果选用适当，就能与脸型相和谐，再加上恰如其分的发型，就会把面容衬托得更加匀称美观。长脸形的人不要选择小帽檐或高顶帽，因为小帽檐或高顶帽会使人感到你的脸更长，而选戴宽边或帽檐向下的帽子则能使你的脸显得丰满些。圆脸型的面部给人以饱满丰腴的感觉，如果再戴上圆顶帽会显得脸盘更大，而帽子更小。因此，宜选戴长顶帽或宽大的鸭舌帽。方脸型的人除了不宜选用方型帽子外，其他形状的帽子均可选用。尖脸型的人不宜戴鸭舌帽，否则会显得脸庞上大下小，给人以消瘦的感觉，最好是选用圆顶帽。（图 5-32）

图 5-32

2. 与年龄和体型相配

以女性为例,亭亭玉立的高个子姑娘不宜戴筒帽,而娇小玲珑的姑娘应避免戴平顶宽檐帽。如果是年轻丰满的姑娘,那么运动帽或帽檐后卷的帽子应是她的最佳选择,而形状复杂的帽子不应在她的考虑之列。对于已近中年的女性来说,戴帽檐朝下的或颜色较深的帽子能够给人以风韵犹存和成熟美的感觉。但是有一点必须注意,帽子上的装饰不宜过多,否则会给人以"硬要青春永驻"的感觉,反而显得肤浅和做作。(图5-33)

图5-33

3. 与职业和性格相配

冬天,一顶狗皮帽戴在甩长鞭的车夫头上,那是一种淳朴之美,可谓是"马车夫的派头",但是,夹着公文包上下班的机关干部戴上狗皮帽子则是地地道道的"张冠李戴",不伦不类。如果你是文化工作者,那么绅士帽将会给你平添几分派头和书卷气,能强化你的职业形象。如果你的性格温和平衡,那么戴礼帽和其他时令的帽子能使你显得端庄而不死板,朴实而不卑屑。(图5-34)

图5-34

4. 特殊场合的佩戴

（1）休闲旅游时：在炎炎夏日选购一顶具有防晒效果的帽子，的确是明智之举。在帽子的选择上除了要具有防晒功能外，最好选择比较透气、凉爽的材质。鸭舌帽及草帽在搭配上是最容易、最抢眼的样式，能凸显出穿戴者的青春、朝气与时尚。（图5-35）

图5-35

（2）上下班及正式场合时：如果你是职业白领，建议选择贝雷帽或是小型的圆筒帽。基本上，它们不仅便于携带而且式样高雅大方、新颖、别致，宜与职业装搭配。不使用时可以卷起来放进皮包中，非常方便。（图5-36）

图5-36

（3）夜宴 Party 场合时：通常在宴会中，毡帽及花饰帽这些具有戏剧性效果的帽饰最能吸引众人的眼光。此时再搭配出色的彩妆和性感华丽的礼服，相信你就会像明星般星光熠熠。但在用餐时，建议你先把帽子摘下。（图 5-37）

总之，小小的帽子，能让你头上生辉，也能让你大为减色，这就需要学习审美和佩戴帽子的艺术之类的知识了。

图 5-37

（二）帽子的保养及收藏方法

在市面上有许多不同材质的帽子，而依材质的不同，有不一样的保养方法。

1. 布帽

用一般的布料制作而成。平时不戴时，应在帽头里以旧报纸或其他纸类填满，放在阴凉通风处，并且要尽量避免受到挤压，这样才不会变形。如果需要清洗的话，请务必遵守洗涤标志上的规定。

2. 草帽

一般用天然草料编制而成，一体成型。不戴时，应放置阴凉通风处，不可长期暴晒，并且要谨防灰尘的产生。因草帽容易变形，所以尽量使其不要受到挤压。草帽不可用水洗或干洗，在保养时使用干布擦拭即可。

3. 成型帽

可用水洗（浸泡即可），千万不可使用脱水机，自然晾干即可。其本身较不易变形。

4. 呢帽

保养方式同草帽，但在灰尘的处理上，应用毛刷或是胶带粘贴。绝不可使帽子受到挤压。

5. 软帽

是保养方式最简单的一种帽子，且不占空间。软帽一律用干洗即可，灰尘的处理与呢帽的处理方式相同。

6. 毛线帽

保养步骤也很简单。如有洗涤标志，应按照洗涤标志规定；若无洗涤标志，为了保险，建议仍然用干洗处理，以免严重缩水。不戴时，要放在阴凉通风处。纯毛的毛线应谨防虫蛀。

第六章　首饰设计

导读：

珠宝首饰在时尚配饰中占有非常大的比例，对于女人来说，它虽是身外之物，但在装扮上，则犹如女人身体的一部分，密不可分，如戒指、胸针、手表、吊坠、手镯等。首饰珠宝的质地与外表的璀璨光芒，有效地激发了人们的购买欲望。(图6)

第一节　首饰文化篇

(一)首饰的概念

"首饰"一词始于明清时期，主要指头部饰物，后由于戒指的发展大大超过了其他品种，又因"手"与"首"同音，因而戒指等"手饰"也被统称为"首饰"。我国旧时又将首饰称"头面"，如梳、钗、冠等。

图6

图 6-1

　　广义的首饰指用各种金属材料、宝玉石材料、有机材料以及仿制品制成的装饰人体及其相关环境的装饰品。随着社会节奏的加快和新材料、新观念的不断出现，首饰的界线越来越模糊。狭义的首饰，是指用各种金属材料或珠宝玉石材料制成的、与服装相配套、起装饰作用的饰品。由于首饰大多使用稀贵金属和珠宝制成，所以价值较高，而现在所指的服饰多以织为主，也使用多种低价值的材料，这就使两者有了明确的区别。

（二）首饰设计的发展历程

　　珠宝设计是文明起源时最早出现的艺术形式之一。从考古证据中可发现，人类很早就懂得用贝壳、木石、兽骨、羽毛等物来装饰自己，让自己看起来或美丽、或威严、或尊贵。而珠宝设计最早可以追溯到至少 7 000 年前的美索不达米亚和埃及，其设计形式已有很多，持续了许多个世纪。公元 1 世纪以前，很多文明古国都用各种珠子来制作珠宝。在发现可雕琢珠宝之后，切割珠宝迅速风靡。最早记录宝石切割的，是Theophilus Presbyter(1070—1125)，他本人是个金匠，在珠宝设计和工艺上想了很多法子。从古代简单的装饰品到成熟的金属、宝石工艺，珠宝装饰和设计艺术发生了改变。(图 6-1)

图 6-2

到了 14 世纪,宝石艺术进一步演进,引入了一些已经抛光但还没有琢面的宝石,以及浮雕宝石。早期的珠宝设计通常是为了满足贵族活动,或者在教堂庆祝某一活动,或者装饰衣着而进行的。在早期的技术条件下,珐琅和凸纹雕饰艺术成为标准。做出来的珠宝首饰是为了展示健康、地位或者权力。(图 6-2)

文艺复兴时期,西班牙最富,其次是法国、荷兰,最后是英国。他们富裕的时间长达三四百年。这些国家都极尽奢华,不管是统治者、贵族,还是平民,都是珠光宝气的。文艺复兴促使经济发达,像西班牙王后和英国国王亨利八世身上从头发到颈胸,都佩戴着黄金宝石。在那个时代,人们认为教堂只有装饰珠宝才能凸显信仰的虔诚和神的高贵,因此将镶满珠宝的圣冠戴在圣母的头上,以烘托圣母的高贵贞洁与神圣庄严。

英国维多利亚女王统治的时期是英国历史上最为强盛的时期,以女王为偶像引领的时尚风潮开始影响珠宝的流行风格。除此之外,不可否认的一个客观因素是,英国当时的殖民地包含了南非等多个宝石原料产地,这保证了宝石原料的来源。因此,这些因素造就了维多利亚时期独有的魅力。维多利亚风格珠宝,以"日不落帝国"的维多利亚女王(Alexandrina Victoria)命名,它以大颗璀璨的宝石彰显奢华,以蜿蜒的花叶枝蔓表现浪漫,以立体精细的浮雕肖像勾勒优雅。根据维多利亚时期珠宝风格的演变,可以将维多利亚时期的珠宝分为三个阶段:1837 年至 1861 年的浪漫主义时期,1861 年至 1880 年的奢华时期和 1880 年至 1901 年的美学艺术时期。

产业革命的发生,使世界因交通、商业、殖民的发展而改变,人的视野扩大了,思想也跟着改变了,对异地的所见所闻也成为人们改变服饰风格的要素之一,尤其是非洲土著文化、伊斯兰教文化、东方文化都深深影响了当时的服装装饰风格,就连珠宝的造型也不一样。珠宝设计在此时相对比较稳定,基础性的技术、产品技术和材料都用了很多年,直到今天还在用。然而,时间进入 21 世纪后,技术和机器的快速发展,给了艺术家更多的选择,使他们不必继续沿用老办法。佩戴珠宝的意义也有了新的注解,以前是因为喜欢,是财

富、高贵、气派、尊荣的象征，而在新的时代里，除了前述的意义外，盛装打扮佩戴珠宝成为一种礼节。珠宝在社会关系中的意义也随社会进步而改变。（图6-3）

20世纪，公众对珠宝的态度发生了根本性的改变，珠宝的功能性变得非常明显。传统上，珠宝都是稀少而珍贵的，然而从20世纪90年代开始，珠宝已经变得更易得了。在20世纪，珠宝设计经历了鲜明的和持续不断的风格转变，其发展趋势深深地受到当时的经济和社会结构的影响。珠宝的材质、造型更为多样化，风格和趋势的边界同时发展。而佩戴珠宝的意义更是单纯到只要自己喜欢就可以、只要自己高兴和美丽就行，不必在乎别人的眼光，即使是虚荣也无所谓。

图 6-3

世间万物，如果说时间也无法埋没它的光彩，那一定非珠宝莫属。一件珠宝首饰流转传承百年，通过它可以感受不同时期的繁盛与衰败。收藏一件古董珠宝，就好像拥有了一段时光、一个故事，以及很多的能量与回忆。珠宝是可以佩戴、收藏的人类文化，因为其不可再生、无法复制的稀缺性，所以珍贵无比，每一件古董珠宝都珍藏了一段时光的故事。所以，与其说珠宝装饰了世人衣香鬓影的美梦，让女人焕发光彩，不如说它记录了时光的故事。

（三）首饰的分类

1. 按装饰部位分类

（1）头饰

主要指用在头发四周及耳、鼻等部位的装饰。具体分为：

发饰，包括发夹、头花、发梳、发冠、发簪、发罩、发束等；（图6-4）

耳饰，包括耳环、耳坠、耳钉等；（图6-5）

鼻饰，多为鼻环。

图 6-4

图 6-5

141

（2）胸饰

主要是用在颈、胸背、肩等处的装饰。具体分为：

颈饰，包括各式各样的项链、项圈、丝巾、长毛衣链等；（图6-6）

胸饰，包括胸针、胸花、胸章等。（图6-7）

（3）手饰

主要是用在手指、手腕、手臂上的装饰，包括手镯、手链、臂环、戒指、指环之类。（图6-8）

图 6-6

图 6-7

图 6-8

2. 按照设计目的分类

（1）流行饰品（图6-9）

大众流行：追求饰品的商品性，多为大批量机械化生产，量贩式销售。

个性流行：追求饰品的艺术性、个性化，仅少量生产，多为手工制作，限量销售，往往仅生产一件。

（2）艺术饰品（图6-10）

从珠宝分类来说，古董珠宝属于艺术珠宝。流传存世的古董珠宝，大多为时代的精品，它们承载着历史和文化，流传到今天，已经是不可多得的精美艺术品，其艺术、收藏及投资价值远远高于现代机械化量产的商业珠宝。古董珠宝具有以下几个特征：昂贵、稀少、手工精湛。

图 6-9

143

图 6-10

现代的消费者，一般不再过分追求首饰材质的昂贵价值，而是追求样式的美观新颖、怪异脱群和制作精良。为此，当前又出现了许多新的首饰材质和式样，如塑料、合金、仿木、仿象牙、仿玉、仿植物形态、仿动物造型等，显示了活跃的、多样化的装饰趋势。还有一类装饰不是作为独立的工艺品存在，而是与其他物品结合后起到装饰作用，如在服装上点缀宝石、珍珠，在头巾、帽子上镶嵌金银饰品、宝珠，甚至用黄金制成帽子，如皇冠、凤冠等，这些制品上的装饰，也可归于首饰之列。

第二节　首饰设计篇

什么是首饰设计？它是指用图纸表达的方式对首饰进行创作，即将头脑中对某一首饰的创意和构思用图纸逼真地表现出来。它是一种造型设计，是把人脑中某种能体现情感及和谐并具有装饰功能或使用功能的造型用图样表现出来，它强调功能与美学造型的一致性。

144

(一)首饰设计原则

第一，设计要符合目的，即适用原则。

第二，设计要和谐美观，一方面指首饰本身各部分之间要构建和谐，另一方面指首饰与佩戴者之间要表现出和谐美观。这一点在为指定消费群体设计时尤其要考虑。

第三，设计在最终变为实物过程中的可行性，包括所选材料是否适用于表现预期的实际主题，材料的加工技术和工艺要求是否达标。

第四，设计既要考虑形式要素，也要考虑感觉要素。前者指设计对象的内容、目的及必须运用的形态和色彩基本要素；后者指从生理学和心理学的角度对这些元素组合搭配的规律，最终都是为了创造形象典雅、结构巧妙、色彩协调、给人以美的震撼和享受的优秀设计。

(二)首饰设计表达

1. 单纯统一

这是最简单的形式美，在色彩和款式上表现为统一或反复。风格上的一致性给人以有序感和节奏感。（图6-11）

图 6-11

2. 对称均衡

对称是指以一条线为中轴线，线的两端或左右相等或旋转相等的一种组合，它常给人稳定和庄重之感。均衡由对称演化而来，其中轴线两侧的形状并不完全相同，但视觉重量却相等或相近。与对称相比，它更自由和富有变化。一般首饰中的线戒、手链等物件的设计都要重视对称均衡，如中间镶较大的钻石，两侧镶等量的小钻石或有色宝石就是一种均衡；冷色的铂金镶冷色的蓝宝石与暖色的K黄金配红宝石也是一种均衡。首饰的形体叠加、纹饰变换、节奏变化中仍要注意保持均衡，体现首饰的稳定感。(图6-12)

3. 调和对比

这是反映矛盾的两种状态。调和是在差异中趋于一致，对比是在相似中突出不同。调和是把相近的两者并列，如色彩中的红与橙、橙与黄、青与紫等。在同一色彩中，深与浅、浓与淡的组合也属于调和。对比是把极不相同的两者并列，使人感到鲜明、振奋、活跃，如构图的虚与实，形态的方与圆，位置的远与近，颜色的黑与白等。过分的对比显得纷杂、刺激，而过分的调和则显得不够生动。(图6-13)

145

图 6-12

图 6-13

4. 比例

指事物整体与局部或局部与局部的数量关系，如戒指的戒面大而托细、项链粗而吊坠小都属于比例失调，不美观。（图6-14）

（三）首饰造型设计

1. 点设计

点的大小是在与其周围要素的比较中来表现的，在相同的视觉环境下，相对面积的大小越悬殊，点的感觉就越强，相反就失去了点的性质。首饰设计中所涉及的小的宝石就可以理解成"点"。（图6-15）

2. 线设计

线由点构成，是点移动的轨迹，是设计造型的基本要素。线的粗细、曲直、倾斜、刚柔、起伏、波动等都代表着或动或静，或是某种情感的表露。如粗线条给人以强有力的感觉，但缺少线特有的敏锐感；细线具有锐利、敏感和快速的感觉；由粗至细的一组射线给人一种现代的锋利之感；弧形曲线给人柔美之感。（图6-16）

图6-14

图6-15

图6-16

3. 面设计

面是线的移动轨迹，是体的外表。面可以由以下方式产生：点和线的密集可形成虚面；点和线的扩展也可以形成面；面本身的分割、合成和反转同样可以形成新的面。原始设计元素经过各种形式的演化最终得到设计造型。一般来说，有三种主要的方法：变形、形体组合和形体分割。

（1）变形设计

变形可以使造型具有生命感和人情味。具体的方法有：扭曲，使形体柔和且富于动态；膨胀，表现出内力对外力的反抗，富有弹性和生命感；倾斜，使基本形体与水平方向呈一定的角度，表现出倾斜面，产生不稳定感，达到生动活泼的目的；盘绕，基本形体按某个特定方向盘绕变化而呈现某种动态。（图6-17）

（2）组合设计

首饰设计中的应用形体组合也称加法法则，指两个以上的基本形体组合成新的立体造型。组合的形式很多，有对称、重复、渐变、突变、对比、调和等。加法法则的应用可使一个原本简单的结构要素演化成一个复杂的、有丰富情感的设计。（图6-18）

147

图 6-17

图 6-18

（3）分割设计

在首饰设计中应用形体分割也称减法法则，指的是对基本形体进行分割形成新的造型。分割的面（线）可以为直面（线），也可以为弧面（线）；切割的方向有横向、垂向、斜向及回旋等。分割的价值在于认识和改变现有空间，得到所需要的空间造型和符合美的视觉效果。（图6-19）

（四）首饰设计稿

想要从事首饰设计，首先应该具备手绘功底，能够表达出自己想要设计出来的东西，通过草稿和效果图与实施制作的人交流。首饰设计效果图被广泛运用在各种场合，采用严谨具象的画风更能够体现出首饰的实际尺寸和坚硬的自然属性，因此绘制时不能夸张。首饰效果图在打样前的阶段起到极其重要的作用，常常在生产过程中被用来阐述产品的形状与比例，这也是拍照无法表达出来的效果。

1. 珠宝绘图

珠宝首饰设计中不可避免地需要表达各种宝石的琢型特征及各种贵金属的花形。这里介绍一下常见宝石款式及贵金属的画法。常见的宝石切磨款式有圆形、椭圆形、橄榄形、马眼形、长方形等。

具体画法以椭圆形琢型的宝石为例。对于蛋面或珍珠等没有切割面的宝石，可沿着其外形的曲线顺畅地添加阴影，晕色时加强左上和右下。如想表现厚的宝石，可将阴影描在靠中心处，想表现较薄的宝石可将阴影绘在靠边线处。（图6-20）

2. 贵金属绘图

珠宝首饰中一般使用的贵金属有铂金、黄金、银及各种K金等。常见的金属花形有平面的、浑圆的、弯曲面的。它们的画法见图6-21。

3. 精细绘制

注重刻画的精细程度、图案的特点及质感的表现。（图6-22）

图 6-19

图 6-20

图 6-21

图 6-22

4. 系列首饰设计手稿

系列设计是教学上的必要环节,通过对主题、流行趋势的理解,综合运用主题元素来表达设计的理念,训练设计者的设计思维能力。(图 6-23)

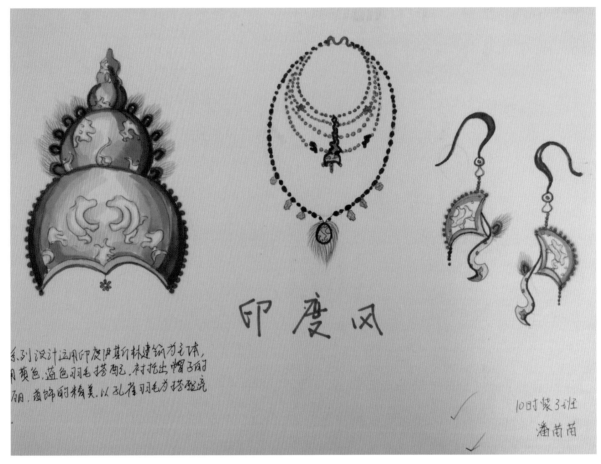

图 6-23

(五)首饰工艺设计

首先要掌握工具的使用方法,如锉刀的用法,磨砂抛光工艺的学习。再就是要掌握金属切割的方式。最后学会废弃物的回收利用(根据前面所学的工艺将废旧物品进行二次利用)。在创作珠宝设计时,通常更偏向于使用更好操作的综合材料进行设计。在学习过程中,老师常常强调传统工艺的重要性,但很多同学无法突破传统工艺的表现形式,很难在最终成品上将自己的创意发挥出最佳效果。其实,由于首饰设计是一门非常重视成品效果的学科,手工能力一直是国外院校考官判断学生是否适合进入此专业的重要标准之一。因此,在设计制作过程中将传统工艺重新转化为当代设计语言应用于自己的设计中,一方面可以在成品制作过程中向考官展现自己的金工技法,另一方面能够在综合材料被频繁使用的当下为自己的设计提供更多样化的表现形式。

材质是组成一件物品的最基本要素,一个好的工艺创作者应该懂得掌握好材料的倾向性,并利用它的特点进行多种工艺的运用。材料的美感主要是通过材料本身的质感,即色彩、纹理、结构、光泽和质地等特点表现出来的。在做设计的时候其实是通过五感(视觉、触觉、听觉、嗅觉、味觉)来感知和联想并体验材质的美感的。不同材料、不同质感会给人以不同的心理感受和审美情趣，比如光滑与粗糙、坚硬与柔软、轻与重、冷与暖、随形与刻意切割，等等。而通过材料的色彩、肌理、质地之间的对比，去创造性地使用综合材料，打破材料运用的陈规，能为传统材料赋予新的运用形式，创造出新的艺术效果。

1. 铸造

铸造工艺是首饰制作中最常用的工艺之一，方法是将液体金属浇铸到与零件形状相适应的铸造空腔中，待其凝固成形的加工方式。通过铸造工艺制作的首饰形态多变，还可以保留模具上细腻的纹理，可以在外部形态上为同学们的设计带来更多变化与可能。事实上，除了雕蜡铸造之外，同学们还可以使用有机材料，如树枝、叶片或花朵直接进行铸造。还可以用不同纹理的锤子通过锤击的方式，使金属产生不同的质感，由于力道不同和所用的石头不同会出现不同的效果。因为敲击所使用的工具比较随性，所以能呈现出大面积且均匀的质感。

手工铸造的金属器皿常常强调重量与厚度，而将金属与大自然的岩石相搭配，也能让人得到意想不到的效果。（图 6-24）

2. 锻造

一般来说，在首饰制作过程中或多或少会应用到锻造工艺。在设计中使用锻造工艺可以使锻造的金属形状更加流畅光滑，而且经过锻造的金属还可以如纸一般纤薄，在反复锤炼之后可以呈现出不可思议的造型。运用不同的材质通过桩槌或者压片机可以将需要的图案转印到金属上，会得到不同的肌理效果，哪怕是树叶上根茎的纹理也可以通过外力的作用转印移植到金属上。（图 6-25）

图 6-24

3. 珐琅

传统工艺有极具辨识度的特性，如珐琅工艺景泰蓝。珐琅工艺的丰富色彩其实是把双刃剑，一方面它在人们心中的刻板印象根深蒂固，另一方面，在传统的工艺中，其又区别于其他颜色寡淡的金工工艺，浓墨重彩的视觉观感给人以强烈的冲击力。在使用珐琅工艺进行创作时应该规避传统珐琅作品中的高饱和度配色和传统精美图案，再从插画艺术的视角进行色彩搭配，让工艺服务于

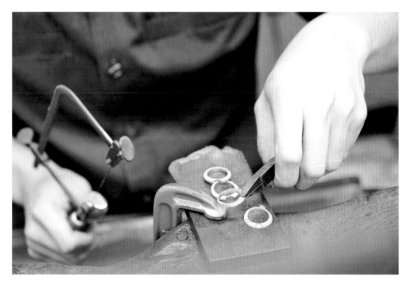

图 6-25

作品,传达自己独到的美学认识。传统工艺归根结底只是一种精致的表达方式,更重要的是传达的思想依然是新颖而独特的。(图6-26)

4. 镶嵌

珠宝让人为之惊艳,既离不开精妙的设计和璀璨耀眼的宝石,更离不开将设计变为成品的高超的镶嵌技术。隐秘式镶嵌法也叫无边镶,这是一种历史不算太长,却为珠宝界带来了变革的镶嵌工艺。为了避开镶爪及其他传统镶嵌的限制,隐秘式镶嵌法使用以黄金或白金"细线"所形成的方格做镶座,每个方格的直径不到2毫米。珠宝工匠将宝石一颗一颗放在仿若蜘蛛网状上的方格内。从正面看上去,珠宝的形状完全被宝石覆盖,不见缝隙。而在背面,你才能看见以黄金或白金打造而成的错综方格镶座。为了适应细小的方格,宝石也被切割得非常细小。配石的好坏直接影响着产品的效果,宝石的长宽比例和厚度必须一致或极其接近。长宽比例影响着纵横线的流畅程度,厚度影响着宝石的平整度。好的产品对宝石颜色的要求也极高,若其中一颗稍有差异,一眼便能看出。正是这些高要求,才让每一件成品看起来精致无比。由于隐秘镶嵌工艺需要靠手工完成选石、宝石加工、镶嵌等步骤,因此,它的产能不会太高。

5. 学生手工饰品展示

这是以手工为主的首饰制作,作品要求尽量发挥设计者的最大潜能,不受设备场地、工艺的约束,可自由发挥、贴近生活。(图6-27)

图 6-26

图 6-27

第三节 首饰搭配篇

（一）首饰的搭配艺术

1. 主题、风格一致

首饰的风格必须和服装一致，不可为了强调与众不同而佩戴不协调的首饰。多种首饰（耳环、项链、戒指、手镯等）同时佩戴时，应保持各种首饰在风格或主题上的一致。（图6-28）

图 6-28

2. 色彩搭配

冷色系服装以冷色系首饰为主配，如铂金或银饰等；暖色系服装则以金色或较鲜艳的 K 金或珍珠装点。（图6-29）

3. 重点突出

如果全身上下佩戴的首饰超过三种，应保证有一个重点，千万不要"一视同仁"。（图6-30）

图 6-29

153

图 6-30

4. 体型一致原则

身材高大者应佩戴较大的首饰,而娇小者则应佩戴较秀气玲珑的首饰。(图6-31)

5. 个性讲究

非凡的职业或特殊的场合,可以选择一些凸显职业个性和个人品位的首饰。(图6-32)

首饰设计通常要全面考虑设计的作品是否符合视觉审美原则,即造型是否美观;设计的作品是否符合心理审美原则,即符合人的社会的和情感的需求;设计准备使用什么金属材料和宝石材料,或其他非贵重材料,材料的选取应能充分反应和烘托设计的目的,并考虑其加工的可能性制作过程中的加工技术和工艺水平是否达到要求;首饰的类型是否符合功能上的要求,如戒指是否能戴在手指上,而项链是否能戴在脖子上等。

图6-31

图6-32

154

第七章　其他服饰品

导读：

服饰品中除了鞋、包、帽、首饰之外，还有其他的服饰品。这些服饰品虽不及鞋、包、帽、首饰那么常用，但也能显现着装的文化与内涵，有着重要的视觉作用，也是服饰的魅力所在。巧妙地运用这些服饰品能给人的外观增添无尽的风致，体现不凡的气质。（图7）

第一节　腰带的文化篇

（一）腰带的概念

用来束腰的带子、裤带。若是皮革的，俗语也称皮带。中国早期的服装多不用纽扣，只在衣襟处缝上几根小带，用以系结，这种小带的名称叫"衿"。腰带骨是指脊椎动物的后肢与脊柱连接的骨骼，人的腰带骨包括坐骨、耻骨、髂骨。

图7

(二)腰带的发展

皮带,是中国古代北方少数民族在长期的生活实践中发展出来的,它不但被用来系束袍服,还用来佩挂一些生产、生活使用的物件。其基本形制是下端有钉柱钉于皮带的一头,上端曲首作钩状,用以钩挂皮带的另一头,中间有钩体。常见的有兽面形、琵琶形和各种异形钩。唐宋时期,有用革制作镶嵌有金、玉的金带和玉带,其上按等级缀以金、玉、银、角等。《辽史·仪卫志》曾经记载了辽代文官必须佩戴"手巾""算袋""刀子"等五种物件,武官必须佩戴"佩刀""磨石""针筒""火石袋"等七种物件,如果没有革带,这么多的东西是无法携带的,因此腰带开始成为人们服饰生活中不可或缺的部分。

腰带,对人们来说是一件很重要的饰物,无论是女人还是男人,一件普通的衣服,会因为你系了别致的腰带而变得不再普通。由于腰带具有这种特殊的作用,所以人们对它十分重视,不论穿着何衣服,腰间都要束上一带。天长日久,腰带便成了一种服装中必不可少的饰物,尤其在礼见时,更是缺它不可。时下,女士们的腰部装饰丰富多彩,且有不少或粗或细的极端之作,相比之下,男士们的腰带变化真是太小了,而且多为中庸之态。事实上,女装大量借助腰带的设计,源自男装线条注入女装的精神中。特别是在经过两次世界大战后,女性裙长缩短,且多有长裤设计,腰带的重要性便逐渐形成,并成为常态性的配件之一。现代女人的腰带就像她们的时装,变化万千,造型极端。多年来,腰带在设计师们的巧思下,衍生出各式长短与宽度,设计师也透过各种材质来塑造腰带的丰富面貌。(图 7-1)

图 7-1

(三)腰带的结构

腰带的基本构造有皮条或条带、环扣、装饰部分。

(四)腰带的种类

1. 牛仔腰带

分量较重的牛仔腰带是专门为造型简洁矫健、风格粗犷豪爽的牛仔裤设计的,具有造型图案或钉饰。牛仔腰带的一端为铜质回形钩,另一端则为数个铜扣眼。牛仔腰带多为皮质宽腰带,为了与牛仔装的风格统一,大都具有原始风格。经过现代设计师精心设计的牛仔腰带粗而不糙,野而不蛮,长发飘飘的少女系上它会别有一番韵味。(图 7-2)

图 7-2

2. 链状腰带

由金属或塑料制成的链圈状腰带,通常在腰部用钩子联结。这种腰带的造型较夸张,色彩较艳丽,有一种粗犷豪迈的风格。有的链带还坠有其他饰物,在行走时发出清脆的声音。大部分链状腰带会留下一个尾段,垂在小腹或腰侧,为腰部增添一种流动的光晕。链状腰带多为处在时尚尖端的女性所偏爱,适宜搭配具有创新性、时代感的新潮服装。

3. 僧侣腰带

脱胎于中世纪僧侣所使用的系带,但早已去粗取精,与当年的腰带形似而神非了。虽然仍保持原始绳束的形式,但是纤巧细致,编织的花样也新奇多变,且腰带的两端一般饰有缨状饰物或花结,具有较强的装饰性。僧侣腰带多采用人造丝织物或棉织物制成,光滑柔顺,是夏季裙装的理想腰带。

4. 印度腰带

设计灵感来源于印度民间一种束衣宽腰带,有浓郁的异域民俗风情。这种腰带在腰侧或后背处扎起。腰带较宽,缠绕得较紧,对腰部线条具有较强的表现力。与印度腰带相配的服装有一定的限制,所以这种腰带通常作为与夜间非正式礼服配用的肚围状腰带,它可以给人增添一份雍容华贵之感。束腰宽带通常由金属、松紧带及皮革制成。(图 7-3)

图 7-3

（五）腰带的设计

1. 女士腰带

（1）宽腰带的最佳系处为中腰位置。或许你担心因为东方人的身材比西方人矮,大皮带会将身材比例压缩,但其实,当你穿上厚重的冬装外套或衣服时,将宽腰带系于中腰位置,可以平衡身体上下的比重,在视觉上有种让腰身提高的效果。在回归自然之风的吹拂下,一些用天然材料如麻、皮条、木片、贝壳等材料制造的腰带,千姿百态,倍受宠爱,造型也以自然随意为主。麻与皮革在腰带设计中是最好的搭档,麻的粗糙与皮革的细腻既对比又相互衬托,很受酷爱休闲装束的女孩喜欢；用皮条编结的腰带,成了牛仔装的好姊妹；而木片、贝壳制成的腰饰则是裙装的最好配饰。

（2）细腰带的变化虽说已很多,可对设计师来说却仍觉不过瘾,于是细细的金属链也变成了腰带。试想一位身着白色裙装、腰系银色金属链的女孩,细细的长链在腰间绕了两圈,走起路来,金属链发出的白色光泽与白裙相衬,真是好美的一道风景。（图7-4）

2. 男士腰带

男士们选择腰带更注重品牌与质量。在腰带的设计里,腰带环可说是腰带的灵魂所在,设计师会通过或绚丽或

图7-4

雅致的环扣设计来体现一些品牌的经典精神。女性腰带宽宽窄窄,造型万千,装饰性大于实用性,相比之下,男士们的腰带则"实际"多了,皮尔·卡丹、金利来、鳄鱼……这些名牌皮带为男士们增添了风采,它们装扮出的是一个个"名牌男士"。市场常见的男士皮带根据扣头不同可大致分为针扣皮带、自动扣皮带和扳扣皮带。

（1）针扣皮带是以扣针穿过皮带的带孔进行系扣。其结构简单可靠,风格多样,有正装风格和休闲风格之分。其正装风格是现代西装的标准搭配,也被称为经典腰带,常出现在众多国事场合和商务场合。休闲风格的针扣皮带简洁干练,款式多样。

（2）自动扣皮带是以弹簧或磁力机械结构进行系扣的皮带,分为有齿和无齿自动扣两类。主要特点是系扣快捷,松紧调整方便,但主要适合休闲场合使用。

（3）扳扣皮带也称平滑扣皮带,主要通过扣头上的奶嘴钉插入皮带的带孔进行系扣。系扣方便,结构简

单,皮带磨损小,主要适合休闲场合,是一些国际一线品牌大 Logo 扣头款式的主要类型。

　　现在男装上已有粗犷型皮带,有的宽厚皮带边缘用细皮条缝制,并以此为装饰;有的则干脆不要任何装饰,只是一条厚厚的皮条而已。这些造型粗犷的皮带,带着大自然的气息,更能展现男子汉的气魄。(图7-5)

图 7-5

(六)腰带的搭配

　　对于女性来说,腰带已经不仅仅是一个跟裤装搭配的饰品,最重要的是它有很好的塑身作用。但是也不是随便就能搭配好的,女士腰带搭配还是要讲究法则的。

　　第一,宽腰带/吊在胯上的腰带对任何人都适合。

　　第二,皮薄细腰带最适合骨感的女人,它能够充分展现女人的小蛮腰——如果你有的话。

　　第三,腰带是起画龙点睛作用的,而不是让人看起来像举重运动员。

　　第四,不要扣到最后一个扣眼,你的腰带应该扣在中间的扣眼。如果不行的话,只说明这条腰带的尺码不对。不要将衬衫塞到低胯腰带的里面。让大衬衫的下摆盖过腰带,或者让短衬衫的下边停留在腰带上面几厘米的地方。保持"硬件"的统一,如银色的腰带扣和银色的首饰相搭配,等等。如果你戴"长绳"腰带,或者是腰带的一头有流苏或其他坠饰,一定要将垂下的部分放在身体的一侧。

图 7-6

160

第五，如果腰型不是很好，不要用太耀眼的腰带，这样会让人注意到你的不足。当然，最重要的是要跟服装的整体色彩相配，如果你是艺术家就是另外一回事儿了。(图 7-6)

第二节　扇子的文化篇

(一)扇子的概念及作用

中国扇子有着深厚的文化底蕴，是民族文化的一个组成部分，它与竹文化、佛教文化有着密切关系，中国有"制扇王国"之称。扇子在中国古代的别称为"摇风""凉友"。相传禹舜时代已有扇子，晋朝崔豹《古今注》曾记载"舜作五扇"。较早的雕工书画多由普通匠人完成，慢慢地，各种有才华且想象力丰富的艺术家也参与进来，扇子也就此演变成有实用功能的艺术品，使人顿生爱羡之心、宝藏之意，成为今天集藏的一大门类。以檀香扇(江苏)、火画扇(广东)、竹丝扇(四川)、绫绢扇(浙江)最为出名，它们并称为中国的"四大名扇"。

扇子在服饰中还能起到掩饰表情的作用。如我国"便面"效果，扇于手中，随时以其遮面，在尴尬时用之。另一种说法是，在 17~18 世纪的欧洲，妇女发型复杂臃肿，制作时扑粉洒浆，易长虫生异味，以扇驱味也是其功能。扇子本是实用之物，因其轻薄且面积大，可扇风取凉。中国一向有在日常器物上施以装饰的传统，于是扇柄、扇骨上有雕工，扇面正反上加书画，使之愈加赏心悦目。

（二）扇子的分类

扇子在今天仍有很强的生命力,它以消暑纳凉及艺术性广受人们的喜爱。在造型上,多继承传统的扇式,以折扇、团扇、羽扇及蒲团扇为多;材料以丝绢、纸、羽毛、竹编、檀香木、金属、化纤等多品种、多材料为主,集艺术性、工艺性于一身,也创造出了更多的花色。雕刻、绘画、书法、刺绣、编结等方法使扇式更为精致突出,艺术性更强。

1. 羽扇

羽扇是一种古老的中国传统工艺品,以孔雀、鹤、雕、鹅、雉等鸟禽类羽毛编织成扇面,再加扇柄而成。羽扇是扇子家族中出现最早的,已有2 000多年历史。汉末盛行于江东,晋陆机赋有《羽扇赋》,传蜀诸葛亮、晋顾荣皆有捉白羽扇指麾众军之事。起初扇羽用十,扇柄刻木象鸟骨,东晋后羽减为八,改为长柄。古代文人作品中提到羽扇,常与纶巾、芒鞋相提并论,象征着名士之风流、隐者之高操。它不仅为纳凉、装饰、舞蹈所用,也是中国古代宫廷礼仪的陈列品。18至19世纪,中国出口西方国家的羽扇,原料珍贵,工艺精湛、现有藏品藏于美国波士顿博物馆。

羽扇扇柄一般多用竹、木,高档者则用兽骨角、玉石、象牙为柄。柄尾或穿丝缕,或坠流苏。制羽扇时,要经过采羽、选羽、刷羽、洗羽、理毛、修片、缝片、装柄、整排、饰绒等诸多工序。作扇之羽毛,以羽纯白者为上,择整齐洁净者为上。如果要改变羽毛的原色,还需染羽。羽毛扇既是夏令解暑驱蚊的佳品,又可供人们作装饰之用。因其风势柔和,清凉爽身,盛夏酷暑之际,老幼及病人、产妇使用尤为适宜,故深受人们喜爱。

2. 葵扇

俗称"蒲扇"。《晋书·谢安》:"乡人有罢中宿县者,还诣安。安问其归资,答曰:'有蒲葵扇五万。'"唐朝诗人孙元晏《蒲葵扇》:"抛舍东山岁月遥,几施经略挫雄豪。若非名德喧寰宇,争得蒲葵价数高。"蒲扇由蒲葵的叶、柄制成,质轻,价廉,是中国应用最为普及的扇子。古代也用来在煮药时,药童加大火力之用。也是众人所熟悉的活佛济公手持之物,今俗称"芭蕉扇"。广东江门新会世称"葵乡",具有千年葵艺文化。其火烙扇画古色古香,细腻精致,为一绝。葵扇的品种很多,除一般常用的葵扇外,还有玻璃白葵扇、漂白编织葵扇、烙画葵扇等。葵扇的扇面除了装饰以刺绣、烙画外,还有漆画,以及用细针刺成的各种图案。扇面的规格不一,大者长90多厘米,可以遮阳。2010年,睢宁县下邳蒲扇编织技艺被列入徐州非物质文化遗产。

3. 折扇

折扇又名"撒扇""纸扇""伞扇""摺迭扇""摺叠扇""聚头扇""聚骨扇""櫂子扇""旋风扇",是一种用竹木或象牙作扇骨、韧纸或绫绢作扇面的能折叠的扇子。用时须展开,呈半规形,聚头散尾。纸折扇最为普及。纸折扇是以细长的木料制成众多的扇骨,然后将扇骨叠起,其下端头部以钉铰固定,其余则展开为半圆形,上裱糊以纸,作扇面。纸折扇选用材料,越选越精,折扇骨,大都刻有各种花样,备极奇巧。工艺则有螺钿的、雕漆的、漆上洒金的、退光洋漆的。至于扇面,有白纸三矾的,有糊香涂面的,有捶金的,有洒金的,内容有山水花鸟、书法诗词,可谓无所不包,雅俗共赏。由于中日文化交流,日本逐渐掌握了制作扇子的技术。《宋史》记载,端拱元年(988年)二月八日,日本僧侣嘉因在汴京(今河南开封)觐见了宋太宗,献上桧扇22枚、蝙蝠扇2枚。明永乐帝开始主导折扇潮流,他命令内务府大量制作折扇,并在扇面上题诗赋词,分赠予大臣。一时折扇大贵,成为一种时尚。文人雅士学着互赠题诗词字折扇,表喻友情别意。手持折扇,成为当时生活中高雅的象征。清代是我国折扇大发展的时期,在清代,折扇随处可见,甚至有泛滥的嫌疑。明清时,在折扇生产地江南一带出了很多名士,他们的风流才情,与折扇有着丝丝缕缕的关系,他们所营造出的江南如水的文化氛围,表现出柔情氤氲的美境。通过以折扇为媒介,流传于皇宫、府第、闺室、民间、海外,而折扇也因这些美画佳句身价百倍。(图7-7)

15~16世纪的欧洲,折扇更为人们普遍使用,旗形硬质扇也非常流行。这些扇子装饰得精美别致,与当时的服装风格很吻合。17世纪时,扇子的流行使人怀疑它的作用,因为无论是冬季还是夏季,人们手中都拿着一把扇子。羽毛扇和折扇同时流行,人们的服装和扇子形成一个整体。扇子、阳伞、面具等都成为那个时代不可缺少的组成部分,也成就了那个时代的华丽风格。(图7-8)

162

图 7-7

图 7-8

4. 绫绢扇

绫绢扇是中国传统手工艺品之一,属于宫扇的一种,产于浙江省。它是用细洁的纱、罗、绫等制成的一种扇子,扇面轻如蝉翼、薄如晨雾、色泽光亮,给人以温文尔雅之感,原是贵族妇女的赏玩之物。

绫绢扇一般多为圆形,故又名"团扇",亦有腰圆、椭圆和"钟离式"等。以苏州生产的最为精良。造型美,画面精。用铁丝作外框,用绢糊面,彩带沿边。以绘画、刺绣、缂丝、抽纱、烫花、通草贴花等作扇面装饰。(图7-9)

163

图 7-9

5. 檀香扇

檀香扇是用檀香木制成，其木质坚硬。白者白檀，皮腐色紫者紫檀，白檀为胜。有天然香味儿，轻轻摇，馨香四溢。（图 7-10）

图 7-10

6. 象牙扇

象牙质地细密坚韧，便于雕刻，并可染色，是制扇的名贵用料。在清代，象牙不仅常常被制成扇骨，而且常被用来制成一把完整的扇子。

在漫长的历史发展进程中，扇的演变也很有特色。扇的造型有鸟禽翅形、长圆形、扁圆形、旗帜形等，都比较宽大笨重，所用的扇材也多以羽毛、竹篾、席草为主。后来，随着纺织技术的进步，精美的织锦、棉布、丝绸逐渐被用于制扇，使扇的质地变轻，制作更为精细，体积有大小两种。大扇仍为宫扇，起到扇风驱蚊、显示身份的作用，而小扇以团扇、折扇为多，有丝绸、织锦、羽毛、宣纸的扇式。古时，中国文人常以纸扇来传情达意，抒发内心的情感，比如题字、作画、彰显个性等。因此，扇的意义远远比扇本身更为重要、富有内涵。同时，它也是馈赠亲朋好友的高档礼物。

第三节 眼镜的文化篇

（一）眼镜的发展历程

眼镜的历史十分悠久，关于它的起源却一直众说纷纭。有人认为眼镜起源于两河流域的巴比伦，因为在伊拉克古城废墟中曾发现有用于放大的透镜，人们由此推知，古老的巴比伦至少在 2 700 年以前便开始使用眼镜。也有人认为眼镜起源于欧洲,相传公元 1 世纪时,古罗马国王尼禄曾使用过绿宝石磨制的镜片观看竞技表演。还有人认为眼镜起源于印度。其实眼镜的发源地在中国,据说早在商周之前,中国已通过透镜来观看星星。到了春秋时期,已出现用水晶和其他矿物制成的眼镜,用于遮阳和改善视力。关于眼镜的确切记载始于宋代,那时关于眼镜的记载有"叆叇镜,老人不辩细书,以此掩目则明"。(图 7-11)

图 7-11

1. 13 世纪

13 世纪初,成吉思汗发动的远征打通了欧亚大陆,眼镜很可能是从那时开始传入欧洲的,完成这一历史使命的据说是位意大利的物理学家,但几乎过了整整一个世纪,欧洲才出现第一个眼镜制作中心——威尼斯。

2. 15 世纪

15 世纪,除了意大利的威尼斯以外,眼镜的制作中心还有德国的纽伦堡、雷根斯堡、奥斯堡,以及法国的鲁安。由于原料昂贵、加工不易,眼镜在当时尚属稀有之物,人们戴眼镜与其说是为了改善视力,倒不如说是一种炫耀身份的方式。因此,一些富有者在遗嘱里常常将眼镜作为重要的遗物留给继承人。法国国王查理五世就曾这样做过。英国著名的罗吉尔·培根在狱中写的一本书中,也谈到使用球面玻璃来帮助上了年纪的人改善视力的情况。据说,他还曾送过教皇一块镜片,供其阅读使用,无疑,这样的玻璃片在当时还是异常珍贵的。

15 世纪对应中国的元明时期,老人使用眼镜已相当普遍。田艺蘅《留青日杞》云:"提学副使潮阳林公有二物,如大钱形,质薄而透明,如硝子石,如琉璃,色如云母,每看文章,目力昏倦,不辩细书,以此掩目,精神不散,笔画倍明。中用绫绢联之,缚于脑后。"

到了 15 世纪中叶,开始出现近视眼使用的凹面镜。著名意大利画家拉菲尔所画的教皇拉夫十世的画像上就有这样的眼镜,这幅油画现藏于佛罗伦萨的皮拉美术馆里。

3. 16 世纪

早期的眼镜是单片的,人们将镜片镶在有柄的、用玳瑁或金属制成的眼镜框里,使用时手执镜柄,把镜片凑到眼前。随着意大利和德国制镜业的兴盛,16 世纪开始出现了夹在鼻梁上的眼镜,后来又出现了用眼镜架勾住耳朵的眼镜,这种有脚的眼镜据说是一位名叫埃尔格·雷科的人在 16 世纪末首先使用的,现在仍在使用。双焦点透镜的发明应归功于美国人富兰克林,他在致友人的书信里曾描述了自己的这个主意,该手稿现存于纽约美国国会图书馆。

4. 19 世纪

直到 19 世纪才开始有人从事研究射过眼镜的光线问题,屈勒于 1943 年首先制出可远距离视物的眼镜。彩色隐形眼镜的出现,使每个人都能不断地变换自己心灵窗户的颜色。不过医生也告诫人们,患有眼部疾病的人不适合佩戴任何类型的隐形眼镜,无论是有色的还是无色的。但眼睛健康者却因有色眼镜的品种日益增多而获得了更令人兴趣盎然的自我美容新途径。

165

现今的制镜业不仅仅体现在近视眼镜上，还体现在墨镜上。时尚且富有光学特点的墨镜正在吸引大批时尚者的眼球。（图 7-12）

图 7-12

(二)眼镜/墨镜的设计

1. 镜框造型设计

有圆形、椭圆形、三角形、多边形等设计。（图 7–13）

2. 镜片色彩设计

多样化的色彩设计有利于服饰的搭配,能体现出新潮的特点。

3. 装饰设计

装饰设计可以增强眼镜的风格化,是体现个性美的重要手段。

图 7–13

第四节 披肩的文化篇

（一）披肩的概念

在西方语言中，"披肩"一词法语为 châle，英语为 shawl，其语源为梵文，原义是一种精纺毛织品，用于制作围巾、缠头巾、斗篷等。直到 18 世纪末，这一词汇在西方语言中才专指披肩。中国披肩在欧美时装杂志中则通常被称为"围巾"，其用法与披肩相似。19 世纪 40 年代末之后，shawl 一词才普遍用于其他材质的披肩，中国披肩也被称为 Chinese shawl。

（二）披肩在欧洲的流行

19 世纪初，披肩已经成为西方时尚女性服饰的一部分，这种理想化的东方织物给西方女性提供了一个想象外部世界的媒介和表达自然的手段。披肩虽为在户外使用而制作，但当时的女性杂志宣称，中国披肩是可与任何衣裙搭配、适用于任何场合的。合适的披肩搭配，不但为女性提供了一个彰显仪表美的道具，也为整套时装搭配带来了视觉层次感。（图 7-14）

图 7-14

169

（三）披肩的设计

1. 造型设计

（1）方形披肩出现于19世纪30年代末。其中，长形和方形的披肩并存至19世纪40年代中期。方形披肩与长形披肩稍有不同，方形披肩可折成三角形从后背披下。披肩的线条可呼应裙子上身的V形线条。为配合上身后的视觉效果，方形披肩的刺绣集中在四角，纹样以对角线方向垂直定位。方形披肩给女性带来了新的时装聚焦点。

（2）半圆形的披肩也偶有见到，它可以体现女性的温婉气质，搭配服装更为随意。

2. 尺寸、纹样等设计

（1）尺寸上，有160厘米和180厘米，流苏也可达25厘米以上，但在构图上仍可清晰见到以4个角落定位的设计，并常有一两条装饰边框，其花纹呼应中央的图案。

（2）纹样上，除花卉以外，还有山水、建筑、人物、禽鸟等，丰富多彩。与前期的欧式花卉不同，19世纪后期的披肩设计开始有意识地强调中国元素，特别是符合欧洲"中国风"情调的人物、建筑等。（图7-15）

170

图 7-15

（3）现代披肩的色彩浓艳，绣花比重大增。因此，刺绣的丝线比较粗。因刺绣的面积增多，披肩也比以前沉重了许多。（图7-16）

（4）编结设计日益繁复，刺绣几乎布满整个披肩。1865年之后，披肩的流苏和编结长度有继续增长的趋势。到20世纪初，流苏可长达40厘米。

披肩的东方渊源使其在一开始即与一种异国风情联系在一起，它既是女性社会地位和身份的象征，也可成为一种艺术化的自我表达。有学者认为，正是在这一背景下，披肩被纳入西方时装的体系中。可以说，从19世纪20年代到20世纪20年代，刺绣大披肩即是中国织品中重要的一宗，也与洋伞、折扇一起，成为西方女性时装中必不可少的配饰。

图7-16

图书在版编目（CIP）数据

服装配饰设计 / 宣臻，杨囡编著 . — 重庆：西南
师范大学出版社，2019.12（2023.8 重印）
（服装设计·时尚前沿丛书）
ISBN 978-7-5621-9801-7

Ⅰ．①服… Ⅱ．①宣… ②杨… Ⅲ．①服装—设计
Ⅳ．① TS941.2

中国版本图书馆 CIP 数据核字 (2019) 第 138402 号

服装配饰设计
FUZHUANG PEISHI SHEJI

宣 臻 杨 囡 编著

选题策划：龚明星
责任编辑：徐庆兰　龚明星
装帧设计：叕十堂＿未　氓
出版发行：西南大学出版社（原西南师范大学出版社）
地　　址：重庆市北碚区天生路 2 号
本社网址：http：//www.xdcbs.com
网上书店：https：//xnsfdxcbs.tmall.com
印　　刷：重庆新金雅迪艺术印刷有限公司
幅面尺寸：210mm×280mm
印　　张：11
字　　数：200 千字
版　　次：2019 年 12 月　第 1 版
印　　次：2023 年 08 月　第 3 次印刷
书　　号：ISBN 978-7-5621-9801-7
定　　价：68.00 元

西南大学出版社美术分社欢迎赐稿。
美术分社电话：（023）68254657　68254107